辉煌与影响

中国科学院天山冰川观测试验站创新发展简介

HUIHUANG YU YINGXIANG ZHONGGUO KEXUEYUAN TIANSHAN BINGCHUAN GUANCE SHIYANZHAN CHUANGXIN FAZHAN JIANJIE

主编　李忠勤

气象出版社
China Meteorological Press

内容简介

　　本书简要介绍了中国科学院天山冰川观测试验站概况、主要科研成果和国内外专家对该站的评述。1959年成立天山冰川站，标志着中国冰川学研究从无到有、从野外考察走向定位观测试验。天山冰川站围绕乌鲁木齐河源1号冰川的研究，对中国冰川学理论的形成和发展起到了关键作用，填补了国际大陆性冰川研究的诸多空白。半个多世纪以来，天山冰川站不断拓展其观测研究范围，保持着冰川学研究和观测技术上的领先和示范性，取得了令人瞩目的创新发展。本书可供从事冰冻圈科学和气候变化领域研究的教学、科技人员参考。

图书在版编目（CIP）数据

　　辉煌与影响：中国科学院天山冰川观测试验站创新发展简介/李忠勤主编．
—北京：气象出版社，2016.9
　ISBN 978-7-5029-6430-6

　Ⅰ．①辉…　Ⅱ．①李…　Ⅲ．①冰川－水文观测－试验基地－概况－中国
Ⅳ．①P343.6-242

　中国版本图书馆CIP数据核字（2016）第230608号

辉煌与影响　　中国科学院天山冰川观测试验站创新发展简介

出版发行：气象出版社

地　　　址：北京市海淀区中关村南大街46号　　　　邮政编码：100081

电　　　话：010-68407112（总编室）　010-68409198（发行部）

网　　　址：http://www.qxcbs.com　　　　E - m a i l：qxcbs@cma.gov.cn

责任编辑：李太宇　　　　　　　　　　　　终　　审：邵俊年

责任校对：王丽梅　　　　　　　　　　　　责任技编：赵相宁

封面设计：符　赋

印　　　刷：北京地大天成印务有限公司

开　　　本：787mm×1092mm　1/16　　　　印　　张：8.25

字　　　数：130千字

版　　　次：2017年1月第1版　　　　　　　印　　次：2017年1月第1次印刷

定　　　价：50.00元

Preface　前言

　　1959 年建立于中国冰川学开创之初的中国科学院天山冰川观测试验站（简称天山冰川站），标志着中国冰川学研究从无到有、从野外考察走向定位观测试验。围绕乌鲁木齐河源 1 号冰川的研究，对中国冰川学理论的形成和发展起到了关键性作用。国际上经典的冰川学理论以海洋型冰川和冰盖研究为基础，缺乏对大陆性冰川的观测研究。天山冰川站的观测研究，填补了大陆性冰川研究的诸多空白，是对国际冰川学的重要发展和贡献。

　　半个多世纪以来，作为中国冰川学观测、试验、研究和人才培养的基地、对外开放的窗口，天山冰川站为中国的冰川学事业作出了巨大贡献。世界冰川监测服务中心（WGMS）将天山乌鲁木齐河源 1 号冰川列为全球十条重点观测研究的参照冰川之一，因此，其长期、系统的观测研究成为许多国家冰川学研究的参照和典范。

　　编写出版本书，旨在简要介绍天山冰川站及其主要成果和影响。感谢天山冰川站王飞腾、李慧林、周平、王璞玉、张晓宇等科研人员和研究生在材料收集、文字核校等方面的协助。天山冰川站 50 多年的科研工作和成果广博而厚重，本书不妥与遗漏之处在所难免，敬请批评指正。

李忠勤

2016 年 7 月 18 日

李忠勤，中国科学院寒区旱区环境与工程研究所研究员，博士生导师，天山冰川观测试验站站长。

Contents 目录

1 天山冰川站概况

1.1 定位与学科方向

中国科学院天山冰川观测试验站（简称"天山冰川站"）是我国历史最长的专门以冰川为主要观测、研究对象的野外台站。该站在已故著名冰川学家施雅风院士倡议并组织下于 1959 年创建，1981 年进入世界冰川监测网络（WGMS），1988 年成为中国科学院首批对外开放台站，1999 年成为首批国家重点野外试点站，2006 年成为国家重点站。

冰川是指地球上由降雪和其他固态降水积累、演化形成的处于流动状态的巨大冰体，是冰冻圈的主要构成要素之一。根据天山冰川站的发展历史和学科优势，该站定位于对冰川和冰川作用区进行基础观测研究，以冰川为主要研究对象，在以下两个方向开展研究。一是冰川过程和机理：通过对冰川的物理、化学、生物过程和生物地球化学循环的研究，揭示冰川演化过程和变化规律，预测其未来变化。其主要研究内容包括冰川观测监测、冰川变化过程、机理和模拟、冰川气候环境记录等；二是冰川与其他圈层相互作用：研究冰川与大气圈、水圈、岩石圈、生物圈的相互作用，分析冰川变化的各种影响，为制定冰川变化的适应对策提供科技支撑。其主要研究内容包括冰冻圈的水资源和生态效应、冰川灾害、冰川变化的适应对策等。

1.2　研究区域与基础设施

天山冰川站观测研究的参照冰川起初只有天山乌鲁木齐河源 1 号冰川（以下简称乌源 1 号冰川或 1 号冰川），研究工作也局限于乌鲁木齐河流域。1998年开始拓展观测研究范围。如今，天山冰川站监测的冰川不仅涵盖了整个中国境内的天山，而且向北扩展到阿尔泰山，向东延伸到祁连山。另外，还承担了中国北极黄河站的冰川观测工作，完善了我国的冰川观测体系（图 1.1）。"一站四部"的园区建设初具规模，涉及冰冻圈多要素、多学科的观测，内容日趋完善。

1.2.1　乌鲁木齐河流域

乌鲁木齐河位于天山山脉的东段，欧亚大陆腹地，北临准噶尔盆地的古尔班通古特沙漠，南俯塔里木盆地的塔克拉玛干沙漠，处在温带干旱荒漠—沙漠环境。而相对湿润和寒冷的天山山区是天山南北新疆各族人民赖以存在和发展的水资源形成区。天山冰川站的高山站（图 1.2）海拔高度 3545 m，位于乌鲁木齐河源区，天山中段天格尔 II 峰（4484 m）北坡，为高寒草甸和裸露基岩环绕。研究区包含冰冻圈诸多组分，如冰川、积雪、冻土、冰川地貌、冰缘植被等，年平均气温在 −5 ～ −7℃之间，最低气温在 −35℃以下，具有"一日有四季，七月飘雪花"的独特气候特征。

天山冰川站的基本站（图 1.3）海拔高度 2130 m，坐落于乌鲁木齐河上游高山峡谷间，与高山站相距 35 km。站区四周雪岭云杉林和高山草场环绕，夏季气候宜人，牛羊成群，雪峰、森林与草原、河流交相辉映，景色秀美。

图1.1 天山站冰川监测网络图

图1.2 天山冰川站高山站

图1.3 天山冰川站基本站

天山冰川站长期监测的天山乌鲁木齐河源 1 号冰川（图 1.4）是乌鲁木齐河源区面积最大的一条山谷冰川（1.65 km²）。作为我国监测时间最长、资料最为系统的冰川，1 号冰川是 WGMS 网络中唯一的中国参照冰川，跻身全球重点观测的十条冰川之列，也是世界上观测时间超过 50 年的少数几条冰川之一。半个多世纪以来，围绕该冰川及乌鲁木齐河源区的观测研究，为揭示山地冰川及冰冻圈其他要素普遍规律，中国西北乃至亚洲中部干旱区山区水资源形成、演化起到了重要作用，成为国内外其他地区冰川学研究的良好参照和典范。其研究成果对我国冰川学的发展起到了关键作用，并填补了国际冰川学对于大陆型冰川研究的诸多空白（图 1.5）。

图1.4 乌鲁木齐河源1号冰川

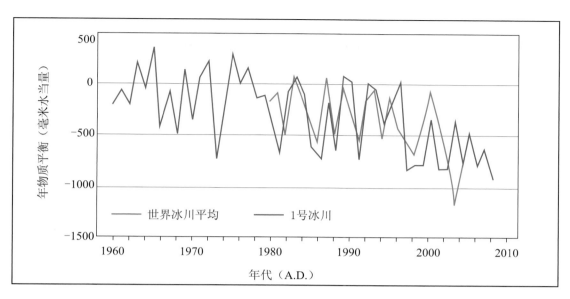

图1.5 1号冰川50年物质平衡观测曲线。其中红线为根据全球30条冰川资料绘制的世界冰川物质平衡标准曲线。1号冰川物质平衡与世界标准曲线有较为一致的变化规律，表明通过1号冰川的研究，可以了解世界冰川的平均消融状况

1.2.2 天山地区

除乌鲁木齐河源1号冰川之外，沿天山山脉设立的另外3条定位观测的参照冰川分别为托木尔青冰滩72号冰川（神奇峰冰川）、奎屯河哈希勒根51号冰川和哈密庙尔沟冰帽（图1.6），其分布范围从天山最西端至最东端，跨越1700 km，形成了中国境内天山较为完整的参照冰川网络。为获取更多观测资料，天山冰川站还在关键地区建立半定位观测点，涉及的参照冰川为天山博格达峰的扇形冰川、四工河4号冰川，奎屯河哈希勒根48号冰川，以及玛纳斯河上游的鹿角湾冰川等。

奎屯哈希勒根51号冰川（图1.6a）位于天山依连哈比尔尕山北坡，艾比湖流域奎屯河上游哈希勒根河源区，在中国境内属于天山山脉的中部地区，是研究天山北麓及艾比湖周围山区冰川的良好参照冰川。该冰川的观测始于1998年，包括冰川物质平衡、末端变化、运动速度、冰川温度、冰川厚度、冰川区气象、冰川区气溶胶和雪冰物理化学过程等，并钻取了大量浅冰芯。该冰川在

物质平衡、冰川运动、末端退缩、冰川温度等方面与 1 号冰川有较大可比性，但所含的各种化学成分的浓度相对较低。

(a) 51 号冰川　　　　　　　　　　(b) 72 号冰川

(c) 庙尔沟冰帽　　　　　　　　　　(d) 扇形分流冰川

图1.6　天山山脉的几种参照冰川

哈密庙尔沟冰帽（图 1.6c）位于哈密北部的哈尔里克山，天山山脉最东段的极干旱区，是研究冰川对水资源影响和沙尘暴记录的良好参照冰川。该冰川的观测始于 2004 年，包括冰川物质平衡、冰川厚度、温度、面积和运动速度等。2005 年在冰川顶部钻取 2 支 60 m 透底冰芯。该冰帽面积和末端退缩小于 1 号冰川变化幅度，且冰川温度较低。冰帽中的各种离子浓度高于 1 号冰川，尤其是盐湖蒸发盐类衍生的化学成分含量较高。

托木尔峰青冰滩 72 号冰川（图 1.6b）位于中国境内天山山脉的最西端。该区为亚洲内陆最大的冰川作用区，冰川融水占河川径流的比率很高，平均在 40% 以上，是塔里木河主要的水源地。2007 年开始对该冰川进行考察观测，到目前开展的观测包括物质平衡、冰川面积和末端变化、冰川运动速度、冰川能量平衡、冰川温度、冰川高程变化、冰川厚度、冰川表碛与消融、冰川水文气象、雪冰及气溶胶化学等。该冰川为具有表碛覆盖的托木尔型冰川，与1号冰川相比，退缩和消融速度快，但整个冰川运动补给强烈，动力学作用不可忽视。冰川山谷部分主流线厚度相对较薄，冰川温度高，抵御未来升温能力较弱。

1.2.3　中国阿尔泰山地区

新疆喀纳斯地区具有我国纬度最高、末端海拔最低的冰川作用区，终年受西风气流影响，冬季积雪充沛，冰川积雪径流是额尔齐斯河的主要水资源。2007年天山冰川站开始与喀纳斯景区合作开展冰川学观测研究，2009年联合开展友谊峰地区的冰川学基础考察。2011年与喀纳斯景区达成协议建立"阿尔泰山冰川积雪与环境观测研究站"（以下简称"阿尔泰山站 - 喀纳斯站"，图1.7）。

图1.7　位于喀纳斯景区的"阿尔泰山冰川积雪与环境观测研究站"

阿勒泰地区的吉木乃县，地处阿尔泰山脉南麓，北邻额尔齐斯河，在国家丝绸之路经济带战略中，依托吉木乃口岸区位优势，向西联通哈萨克斯坦，向北辐射俄罗斯，以境内外能源资源开发为驱动力，肩负丝绸之路经济带核心区和北通道重要使命，具有重要经济和政治地位。吉木乃地区拥有中国西北典型特殊地理单元，包含冰川、积雪、冻土等冰冻圈要素和绿洲、湿地、荒漠、沙漠等，同时受北半球中高纬度西风环流控制，是开展寒区旱区各种科学研究、促进学科综合交叉发展的天然试验区。为加强我国在阿尔泰山地区的综合观测研究，有效服务于地方和丝绸之路经济带建设，中国科学院寒区与旱区工程研究所与吉木乃县政府合作，于 2015 年 5 月正式成立"中国阿尔泰山冰冻圈科学与可持续发展综合观测研究站"（以下简称"阿尔泰山站 - 吉木乃站"，图 1.8）。目前该站已开始运行。 并选取喀纳斯冰川和木斯岛冰川（图 1.9）作为参照冰川。

图1.8 位于吉木乃县的"中国阿尔泰山冰冻圈科学与可持续发展综合观测研究站"

图1.9 阿尔泰山参照冰川

1.2.4 祁连山地区

在国家自然科学基金委员会重大研究计划"黑河流域生态‐水文过程集成研究"支持下，天山冰川站于 2010 年 10 月，开展了旨在调查黑河流域上游冰川状况和建立参照冰川监测系统野外考察工作，将葫芦沟小流域最大的冰川（0.54 km^2）确立为参照冰川。由于考察队员是在"十一"国庆节期间登上该冰川的，因此将其命名为"十一冰川"。过去 5 年来，天山冰川站对十一冰川开展了系统的考察研究，内容包括物质平衡、冰川表面运动速度、冰川厚度、冰川变化、RTK-GPS 测绘制图等（图 1.10）。为获得祁连山冰川系统资料，天山站对北大河上游七一冰川、黑河流域的八一冰川进行了考察和定位观测，在七一冰川末端安装了 T-200B 自动雨雪量计，在八一冰川布设了花杆网阵。

图1.10 祁连山参照冰川

1.2.5 北极地区斯瓦尔巴群岛

斯瓦尔巴群岛是北极最大的冰川区域之一。2004 年我国在该群岛的新奥尔松（Ny-Alesuud）建立黄河站之后，选择了 Austre Lovénbreen（奥斯塔洛文伯林）冰川（6.2 km²）和 Pedersenbreen（彼得森伯林）冰川（5.6 km²）作为监测对象。自 2014 年起，天山冰川站承担了上述冰川物质平衡等观测任务（图 1.11）。

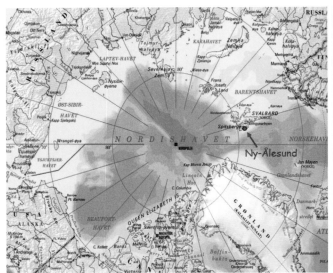

安装气象站

物质平衡观测

图1.11 北极斯瓦尔巴群岛新奥尔松地区冰川学考察

1.2.6 天山冰川站基础设施

站区：天山冰川站目前包括 4 个站区，即基本站、高山站、阿尔泰山站 - 喀纳斯站和阿尔泰山站 - 吉木乃站。

实验室：为满足天山冰川站雪冰化学方向的需求，2003 年建立了天山冰川站雪冰化学分析实验室，配置了两台离子色谱仪、微粒粒径分析仪、液态水同位素分析仪、选择离子流动管质谱仪、单颗粒黑碳光度计分析测试系统、含水率计、超纯水机和各种雪冰物理、化学分析仪器。

观测场和水文断面：天山冰川站在天山、阿尔泰山和祁连山设有气象、水文、冻土、积雪、气溶胶等各类观测场 25 个，开展冰冻圈各种要素及其与其他圈层相互作用系统观测（图 1.12 ~ 图 1.16）。

冻土观测场

降水观测场

水文观测场

空冰斗综合观测场

图1.12　乌鲁木齐河源区观测场

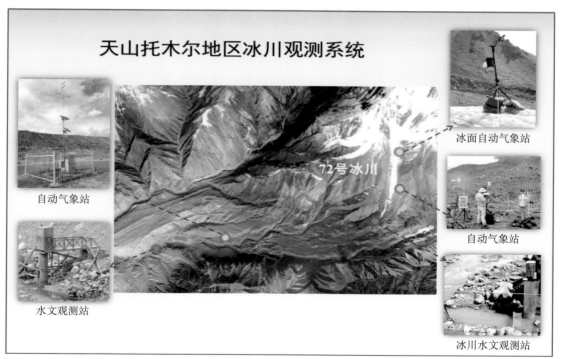

图1.13　天山托木尔峰地区青冰滩72号冰川观测系统

图1.14　乌鲁木齐河源1号冰川观测塔和综合观测场

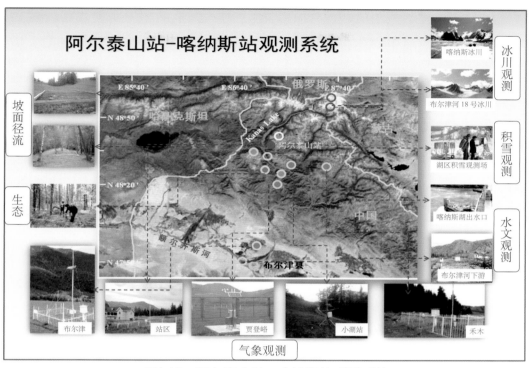

图1.15　阿尔泰山站 - 喀纳斯站观测系统

榆树沟站：集水面积 308 km²，源区冰川 9 条，面积 22.85 km²

头道沟站：集水面积 371 km²，源区无冰川

白吉站：集水面积 431 km²，源区有冰川 12 条，面积 13.36 km²

苇子峡站：集水面积 1047 km²，源区冰川 39 条，面积 35.63 km²

图1.16　天山哈尔里克山冰川区冰川、水文观测系统

冰川观测设备：天山冰川站拥有国际上最为先进的冰川观测设备，包括蒸汽钻、冰芯钻机、冰川雷达、差分 GPS，3D 激光扫描仪等（图 1.17～图 1.19）。

图1.17　利用先进的RIEGL vz-6000三维激光扫描仪对公格尔九别峰跃动冰川开展观测研究，扫描距离6 km，最高分辨率1 cm

图1.18　利用Pulse EKKO PRO 100A探地雷达开展冰川厚度测量。该仪器可以探测6 m表碛之下冰川厚度

图1.19　利用最新德国产轻型蒸汽钻进行花杆布设，可以在30分钟内轻松钻透20 m冰层

1.3　文章、著作、数据集

自 1959 年以来，天山冰川站科研人员共发表研究论文 1100 篇以上，包括在国际冰川学主流专业杂志 *Journal of Glaciology*（冰川学杂志）和 *Annals of Glaciology*（冰川学集刊）上发表论文 50 余篇；出版专著（编著）30 余部；出版资料集共 39 册，其中包含由国际水文协会（IAHS）、国际大地测量学与地球物理学联合会（IUGG）、联合国环境规划署（UNEP）、联合国教科文组织（UNESCO）和世界气象组织（WMO）联合出版的资料集 *Glacier Mass Balance Bulletin*（冰川物质平衡通报）和 *Fluctuations of Glaciers*（冰川波动）17 册。

1.4　获奖成果简介

50 年来，天山冰川站承担和参加的项目取得了大量科研成果，获得国家及省部级奖励共 10 余项。其中国家自然科学二等奖 1 项；国家科学技术进步一等奖 1 项；省部级自然科学一等奖 2 项，二等奖 5 项；科学技术进步一等奖 2 项，二等奖 1 项。

20 世纪 80 年代初，天山冰川站开始了现代冰川学各个方向上的系统性研究。在冰川物理研究方面，通过对 1 号冰川系统观测研究，形成了具有我国特色的冰川带划分理论；首次获得了对冰川底部温度特征的认识；揭示了融水作用对冰川温度的影响，通过三次人工冰洞的挖掘和系统的观测，提出了四种冰川运动机理，发现冰川岩屑层连续变形和滑动对冰川运动的重要贡献，更新了国际上有关冰川运动主要源于冰川冰变形和底部滑动的认知，填补了国际上在这方面研究的空白。在冰川物质平衡研究方面，通过多种方法建立了冰川物质平衡与气象要素之间的关系。在积雪与雪崩研究方面，把天山作为完整的自然地理综合体，揭示了天山积雪形成条件、演化过程、分布规律和积雪量及雪线高度，稳定积雪期分布规律，雪崩形成因素、分布特征及危害等，提出了雪崩预防与治理方案。在冰川编目和冰川变化方面，查清了整个天山冰川数量、分布特征，乌鲁木齐河流域及天山某些典型地区的冰川及其融水径流变化。这些成果被评为 1983 年中国科学院自然科学二等奖"天山乌鲁木齐河源 1 号冰川的冰川物理学研究"，并成为 1991 年中国科学院自然科学二等奖"中国冰川概论"、1996 年中国科学院自然科学二等奖"中国雪崩研究"以及 2010 年国家科技进步一等奖"中国冰川编目"成果的重要组成部分。

新疆地处我国西北内陆和亚洲中部干旱区，水资源是制约社会经济发展的瓶颈和维系生态环境的命脉。山区是水资源的形成区，20 世纪 80 年代中期以来天山冰川站开始的寒区水文学研究，以乌鲁木齐河山区流域综合观测试验为基础，揭示了冰川、积雪、高山冻土、山区降水径流的特征，通过水量平衡原理、能水平衡模型，研究模拟了山区径流的形成与变化、地表水与地下水转化过程；通过冰川模型与水文模型耦合的方法，模拟预测了径流对气候变化的动态响应。这一研究，奠定了我国内陆河流域水文、水资源系统研究的基础。相关成果获 1993 年中国科学院科技进步二等奖"乌鲁木齐地区水资源若干问题研究"，并成为 1995 年中国科学院自然科学二等奖"中国冰川水资源及其变化趋势研究"成果的重要组成部分。

乌鲁木齐河流域保存着形态多样、较为清晰的第四纪冰川侵蚀与沉积地形。基于多种方法的测年结果并结合地貌地层学原理，建立了乌鲁木齐河流域小冰期、新冰期、末次冰期 MIS2-4、MIS6 与 MIS12 较完整的冰川演化序列，为我国第四纪冰川和冰川地貌科学研究树立了典型范例。特别是 1 号冰川小冰期的三道终碛年代的确定和第二次最强前进动力的研究结果，对于我国西部小冰期形成年代及其特征的认识具有重要的参照意义。此外，通过对乌河源区石冰川、石河、倒石锥、冻胀丘、泥流舌和石流坡等长期定点观测，全面研究了冰川地貌的形成特征和发育规律，开创了我国冰缘地貌研究从定性走向定量，从形态描述走向形成机制，从静态研究走向动态的先河。该成果成为 2008 年国家自然科学二等奖"中国第四纪冰川与环境变化研究"成果的重要组成部分。

源自大气的降雪在冰川积累区经粒雪过程转化为粒雪，后经历一系列复杂的变化，最终成为冰川冰。这一物理、化学过程是冰川学研究的基本内容之一，对于揭示冰川的形成、冰川对气候变化的响应、以及冰芯记录的解释具有重要意义。然而，这一过程的研究需要以长期观测为基础，是一个国际难点。天山冰川站历时 8 年，首次观测到气 - 雪 - 冰演化的物理、化学完整过程，结合气象要素定量研究，揭示了该过程对气候变暖的响应，同时为山岳冰芯记录的解释奠定了基础。该成果成为 2007 年甘肃省自然科学一等奖"中国西部冰雪过程研究"成果的重要组成部分。

20 世纪 80 年代以来全球冰川出现的加速消融退缩成为国际上最为关注的热点之一。天山冰川站根据 50 年观测资料，揭示出大陆型冰川对气候变化响应的普遍规律和机理，并运用冰川动力学模式，首次较为准确地预测了 1 号冰川未来变化，并由此得到了众多大陆型冰川在时间尺度上的变化规律。另外，通过地面观测和考察、遥感技术、模型模拟等，查明了塔里木河流域、天山北麓、东疆盆地以及伊犁河与额尔齐斯河流域的冰川变化，预估了冰川变化对未来水文、水资源的影响。该成果"新疆天山乌鲁木齐河源 1 号冰川及其作用区观测、研究及运用"获得 2011 年甘肃省自然科学一等奖。

新疆天山发育冰川 9035 条，冰川面积 9225 km^2，储量超过 1 万亿 m^3 水当量，在水资源构成和河川径流调节方面起着至关重要的作用。研究表明，新疆冰川对气候的变化极为敏感，最近 30 年来，呈现出加速消融退缩趋势，融水径流量现已增至 200 亿 m³ 以上,超过多年平均地表水资源量的 25%。由于剧烈消融,冰川面积在最近 30 年间缩小了约 11.7%。天山年平均雪深 40 ~ 60 cm,冬季平均最大积雪储量超过 100 亿 m³,季节性积雪的融水是春季河川径流的主要补给水源,春汛时积雪融水及时满足了天山南北干旱区春灌的迫切需要。该项研究以野外台站为依托,揭示中国天山冰川积雪特征和变化规律,围绕冰川积雪对气候变化的响应过程、机理和影响这一科学问题的系统成果,深化了对冰川、积雪及水资源的科学认识,产生了重要的国际影响。项目查明和预估了新疆不同地区冰川、积雪水资源的时空变化及其对水文、水资源的影响,为国家重大决策,西北地区的水资源管理与高效利用,区域经济社会可持续发展战略规划提供了重要的科学依据,并为强化新疆冰雪监测和冰雪科普教育,发展冰川特色旅游以及天山世界自然遗产申报等做出了重要贡献。该项成果"中国天山北坡冰川积雪及其气候变化响应研究"获 2013 年新疆维吾尔自治区科技进步一等奖。

1.5　国内外交流与合作

天山冰川站与国内几乎所有从事冰冻圈、水文及水资源、植被与生态研究单位都有着良好合作关系,并从这些单位聘请了 20 名左右的专家作为客座研究员,进行长期合作研究。天山冰川站现有的冰川地貌、冰缘植被与生态两个研究方向,便是与北京大学、兰州大学及新疆农业大学共同设立,开展长期合作。天山冰川站还是西北师范大学地理与环境科学学院自然地理专业科研基地,每年有十余名研究生来站开展观测研究。

天山冰川站是我国面向国际冰川学界交流的窗口。从站的建立、学科发展、项目合作到资料出版、人员交流与培训,均与国际冰川学界有着密切的联系。长期以来,天山冰川站的国际合作在两个层面上开展。

一是与世界冰川监测服务中心(WGMS)和其他设有冰川监测项目的研究机构,如与 WCRP-CliC(世界气候研究计划之气候与冰冻圈计划),IGS(国际冰川协会),WDC-D(世界数据中心—中国中心)和 GCOS(全球气候观测系统)等的长期合作。天山冰川站李忠勤站长一直是 WGMS 中国通讯员,积极参与 WGMS 有关冰川监测规范、研究方法和重点研究领域的制定,共同推动国际冰川学事业发展。

二是在观测、研究项目层面上与国外专家的广泛合作交流。1 号冰川的观测除了进入 WGMS 网络外，还成为美国航天飞机雷达在亚洲内陆的地面观测参照点。天山冰川站冰川区气溶胶采集站由美国著名雪冰专家，缅因州大学教授 Paul Mayewski 协助建立，所取得的分析资料与美国在尼泊尔和格陵兰等地的定位气溶胶采集站资料交换使用。

研究方面，20 世纪 80 年代开展的 1 号冰川人工冰洞的研究，吸引了欧美及日本专家的积极参与，在冰川运动机理方面取得国际公认的成果。同一时期开展的冰川能量平衡方面的研究，得到瑞士理工大学等科学家的各种帮助。

降雪转化为冰川冰这一物理化学过程有赖于长期观测，2002 年，在美国俄亥俄州立大学 Ross Edwards 博士以及 Lonnie Thompson 和 Ellen Moesly-Thompson 教授协助下，天山冰川站在 1 号冰川建立了定位观测取样场，进行了连续 8 年的观测采样。由于搭建了良好的观测研究平台，吸引了许多国内外相关知名学者前来开展合作研究，包括美国俄亥俄州立大学、内华达州沙漠研究所（DRI）等，这项研究在国际上被称为 PGPI（Program for Glacier Processes Investigations，雪冰演化过程研究计划）项目，引起广泛关注。

在冰川变化模拟等前缘领域的合作研究更为广泛，合作者包括英国 Bristol（布里斯托尔）大学的 John Nye 教授，他是将动力学模式应用于冰川学研究的奠基者。Guðfinna Aðalgeirsdóttir 博士，冰岛著名的冰川动力学模式专家，她所带领的团队对两极冰盖所做的模拟工作处于国际领先水平。德国 Achen（亚琛）大学的 Christoph.Schneider 教授，他在利用能量平衡模式模拟冰川物质平衡方面独树一帜。英国 Manchester（曼彻斯特）大学的 Roger Braithwaite 教授，他在大气模式、径流模式及物质平衡模式方面都颇有造诣，尤其在近 20 年中，他将度日模型不断完善成为一种简单而有效的物质平衡模拟工具，为国际相关研究广泛使用。日本 Chiba（千叶）大学 Takeuchi 教授团队依托天山冰川站开展的有关冰尘与反照率方面的研究达到国际领先水平。

长期定位观测、国际一流的科研成果以及广泛的国际合作，使得天山冰川站和 1 号冰川在国际冰川学界享有很高知名度。许多外国专家学者，正是通过天山冰川站和 1 号冰川开始了解中国的冰川学工作的。据不完全统计，近 10

年来，国外 10 余个研究机构的 20 余名专家赴站开展长期合作研究，短期交流访问的专家学者更多，每年都会举办不同规模的国际学术研讨会。

1.6 人才培养

天山冰川站是孕育中国冰川人精神的摇篮，培养冰川学人才的基地。作为我国首个冰川学观测研究基地，为我国冰冻圈事业培养了大批专业人才。每年都有二三十名国内外专家学者来站从事科研活动。50 年来在天山冰川站工作、学习、研究的国内外科技工作者达数百人，以天山站为内容完成的硕士、博士论文有 120 多篇。

在当今的中国冰川学界，无论是老一辈的冰川学家，还是活跃在一线的中轻年学者，大都有在天山冰川站学习、工作和生活的经历，与之结下不解之缘。我国著名冰川学家秦大河院士（图 1.20），在天山冰川站完成硕士论文"天山乌鲁木齐河源地区主玉木冰期以来冰川变化和发育环境的研究"，开始了他冰川学事业。姚檀栋院士（图 1.21）亦是通过在天山冰川站的野外工作完成了他"乌鲁木齐河气候、冰川、径流变化研究"的博士论文。*Nature*（自然）杂志在介绍他博士经历时，还专门刊登了一张 1 号冰川照片。

图1.20 秦大河院士考察1号冰川底部基岩

图1.21 姚檀栋院士冰川学考察中

天山冰川站还是西部多所高校地理环境资源院系本科生教育实习基地，每年有 30 名左右的本科生来站，进行为期 1 个月的学习。这些学生成为西部研究生来源。天山冰川站每年举办一届"天山杯青年学术讨论报告会"（图1.22），汇集、发现和培养了大批以研究生为主的青年后备人才。

图1.22 2015年"天山杯青年学术讨论报告会"合影

50年薪火相传，50年奋斗不息。老一代冰川人艰苦创业，顽强拼搏留下了宝贵精神财富。年轻的冰川学工作者，汇聚在这远离家人的天山深处，不仅学到了冰川学基础知识和观测技能，更是传承了中国冰川人在环境恶劣、条件艰苦的冰川上，不畏高寒缺氧，几十年如一日，勤勤恳恳，默默无闻，认真获取连续、准确的观测数据，为冰川学事业无私奉献的精神。

2 主要科研工作和成果

2.1 科研工作回顾

天山冰川站成立于 1959 年，1981 年进入世界冰川监测网络（WGMS），1988 年成为中国科学院首批对外开放台站。1999 年成为首批国家重点野外试点站，2006 年成为国家重点站。2007 年被选为中国科学院特殊环境网络重点站。在 50 多年的历程中，大体经历了建站初期（1959—1966 年）、恢复重建之后（1979—1987 年）、成为中国科学院开放站之后（1988—1998 年）以及成为国家野外站之后（1999—至今）的四个阶段。康尔泗（1988 年）曾对天山冰川站 1987 年以前的历史和研究工作进行过系统回顾[1]。李忠勤和叶柏生（1998 年）及李忠勤（2011 年）对 1988—1997 年的工作也进行过系统总结[2, 3]。以下对 1997 年以前的工作做一简要回顾。

1958 年，为开发大西北，中国科学院成立了由施雅风院士领导的"中国科学院冰雪利用研究队"，开创了我国的冰川学研究事业。根据 1958 年野外考察经验并结合国际冰川学发展规律，施雅风先生认为有必要建立冰川观测试验站，便于野外观测试验，对野外考察中的许多现象进行深入研究，与国际冰川学研究接轨。1959 年，中国科学院冰雪利用研究队在天山乌鲁木齐河源海拔 3545 m 处建立了天山冰川站（高山站），当时的苏联专家道尔古辛（L. D. Dolgushin）曾对站址和观测项目的选择进行过指导，新疆水利厅在建站方面给予了大力协助。建站伊始，即开展了冰川学、水文与气象方面的观测研究。20 世纪 60 年代初，天山冰川站的观测研究工作进入了第一个繁荣期。在成冰作用理论、物质平衡、能量平衡、冰川物理、冰川水文等领域取得了大量研究成果，缩短了与国际冰川学研究的差距。然而，正当天山冰川站孕育着更大发展的时候，"十年动乱"开始了，所有工作在 1967—1978 年这 12 年间全部停止，天山冰川站也由新疆水利厅代管。

1979 年，随着"科学春天"的到来，兰州冰川冻土研究所对天山冰川站进行恢复重建，修建了由高山站至 1 号冰川的简易公路，在乌鲁木齐河上游 2130 m 处的峡谷平地建立了天山冰川站基本站，并架设了由后峡电厂到基本站的专用供电线路。此时的天山冰川站进入了一个快速发展时期，观测工作步入了正轨，整编资料以《天山冰川站年报》形式定期出版。观测设备的研发空前活跃，QZ 型蒸汽钻、B-1 型雷达测厚仪、冰川热水钻、石英晶体温度计及冰川区气象遥测系统都是这一时期在 1 号冰川上试验成功的。1 号冰川透底温度观测和人工冰洞的开凿研究，标志着冰川物理学研究达到国际水平。这一时期的天山冰川站还是我国冰川学观测试验和教学实习基地，冰川专业的本科生、研究生都要到站进行野外实习和工作。同时一批又一批国外冰川学者来站参观访问、交流学习和合作研究(图2.1，图2.2)。1983 年天山冰川站被中科院评为野外先进集体。

图2.1　在天山冰川站考察的科学家
(a) 施雅风；　(b) 谢自楚；　(c) 康尔泗

图2.2　科学家在天山冰川站进行工作和交流
(a) 黄茂桓；　(b) 刘潮海；　(c) 1987年天山站院开放论证会专家合影

1988 年，天山冰川站成为中国科学院首批对外开放台站。开放基金的设立，加强了天山冰川站与国内其他科研单位的合作，如新疆维吾尔自治区水利厅、新疆维吾尔自治区气象局、中国科学院新疆生态与地理研究所等，以及许多高校，如北京大学、兰州大学、新疆大学和新疆农业大学等，同时也扩展了研究领域。1994 年，基本站专家公寓建成并投入使用，缓解了接待方面的压力。1996 年 7 月，天山冰川站经历了百年一遇特大洪水灾害，遭受了前所未有的破坏，在中国科学院、研究所的大力支持和全站人员共同努力下，很快得到恢复。1997 年在科学院组织的野外站评审中，天山冰川站被评为 A 类站和野外先进集体。这一时期的天山冰川站，会聚了一批 30 多岁的青年人，充满活力，各项工作开展得有声有色。

1959—1998 年，天山冰川站发表学术论文近 500 篇，专著 10 余部。主要成果体现在下述方面。

冰川物理学和现代冰川学。谢自楚等通过两年完整观测，结合国际冰川学理论，分析了 1 号冰川成冰作用和过程，划分了冰川带谱[4]。黄茂桓等通过冰川末端人工冰洞的观测研究，提出了 1 号冰川存在冰川冰变形、冰床变形、剪断和底部滑动四种运动机理[5~7]。蔡保林等将理论与观测试验相结合[8~10]，研究了浸渗带水热传输过程及其对冰川温度的影响，建立了冰川温度分布变化模型，更新了冰川物理学中若干传统概念。这些研究，丰富了冰川学理论，被引入国际冰川物理学教科书，引起了国际上的关注（图 2.3）。

图2.3 美国和日本科学家在现场观测考察。1号冰川冰舌末端人工冰洞的研究引发国际关注

在冰川物质平衡研究方面，姚檀栋等用气温、降水与实测物质平衡关系法[11]、康尔泗等用能量平衡模型[12, 13]、刘时银等用度日因子法[14, 15]、叶柏生等用降水和夏季气温与物质平衡关系法[16]，以及丁永建等将太阳辐射引入气温与物质平衡间关系[17]，建立了 1 号冰川物质平衡特征及其对气象要素的敏感性。刘潮海等通过加密的观测，对物质平衡过程进行了分析研究[18]。

在冰川分布特征及冰川变化研究方面，刘潮海[19]、张志忠[20]和胡汝骥[21]等，首次把中亚天山冰川作为一个完整的体系进行研究，查明天山冰川共有 15953 条，面积 15416.41 km²。陈建明等[22]在 1996 年首次利用重复航空测量方法研究了 1964—1992 年乌鲁木齐河上游的冰川变化，结果表明冰川规模越大，冰川的绝对变化越大，相对变化越小。山地边缘的冰川对气候变化的响应较山地腹地冰川敏感。

冰川区水文气象与水资源。施雅风等以乌鲁木齐河山区流域冰雪径流为中心的观测试验研究，揭示了山区径流的形成过程[23]。康尔泗等建立了包括冰川和积雪在内的高山区能水平衡模型，模拟了冰雪径流的形成与变化过程[12, 13, 24, 25]。杨针娘以水量平衡原理为基础，分析了高山多年冻土区径流形成、流域水量变化、地表水与地下水转化以及气候变化对寒区径流的响应[26]。上述研究对西北干旱区内陆河流域水资源研究与开发奠定了基础，起到了指导作用。

张寅生[27]和杨大庆等[28]利用蒸发渗漏器称重法、通量—梯度法和热量平衡法求得乌鲁木齐河源区不同下垫面蒸发量。杨大庆等的研究揭示出乌鲁木齐河源区固态降水观测系统误差为 30.9%，平原及山前地区为 20.5%，这项研究开启了国内外降水观测误差研究的先河[29]。

第四纪冰川与冰缘地貌。1959 年，在施雅风的倡导和组织下，乌鲁木齐河流域建起了冰川观测站并进行了现代冰川的观测研究，由此也拉开了第四纪冰川研究的序幕。乌鲁木齐流域是我国较早开展第四纪冰川研究的地点之一。区内形态多样、较为清晰的冰川侵蚀与沉积地形是第四纪冰川研究的极佳对象。加之 1958 年建成通车的乌（乌鲁木齐）库（库尔勒）公路纵贯整个流域，交通十分便利，区内天然剖面以及修路过程中辟出的人工剖面吸引了众多中外学者前往研究。

　　杨怀仁与邱淑彰[30]、施雅风与苏珍[31]是最早在本区开展第四纪冰川研究的学者。杨怀仁与邱淑彰[30]对这个流域的第四纪冰川进行了详细的研究，根据冰水扇、冰水阶地、黄土沉积以及冲积阶地推测天山第四纪中可能发育四次冰期。施雅风与苏珍[31]对缺失现代冰川的古冰斗地形的形成进行了探讨，并指出河源区的古冰斗可能形成于玉木（Würm）冰期，即末次冰期，相当于海洋氧同位素阶段（marine oxygen isotope stage, MIS）[31~33]。从冰期序列上推测望峰道班以上，海拔3000 m左右的冰碛垄形成于Würm冰期；现代冰川外围现代冰碛以外数百米到1 km左右形态较清楚的数道终碛垄形成于小冰期（16世纪以来冷期的冰进事件）。1981年，美国学者T Pewe到天山站访问，指点中国学者认识地衣，根据它们的直径与生长速率进行冰碛定年的地图衣（Rhizocarpon geographicum L. DC）和红石黄衣（Xanthoria elegans Link Th. Fr.）。陈吉阳[32]和王宗太[33]等根据地衣法测定小冰期的三道终碛分别形成于公元1538±20年、1777±20年和1871±20年（图2.4）。地貌特征显示第二道终碛挤压超覆第一道终碛，表示第二次前进动力最强，这一结果对于我国西部小冰期形成年代及其特征的认识具有重要意义，得到广泛推广应用。

　　1978—1979年围绕冰川侵蚀地貌的发育过程和冰川沉积相特征在河源区进行了野外工作与相应的室内分析。研究内容涉及冰斗冰川[34]、槽谷演化[35]、槽谷横剖面形态[36]、冰蚀地形的形成机制[37]、源头胜利达坂岩石风化剥蚀速率[38]、雪线变化[39]、冰碛垄与冰碛物的类型和特征[40]、冰碛、冰水冲积砾石的岩性与形态特征[41]、冰川沉积[42]、冰期划分[43]等，集为专辑，刊为《冰川冻土》第3卷增刊。因末次冰期以来的冰碛保存较好、形态较典型、剖面出露较完整，因此备受学者们的关注。马秋华[44]对望峰冰碛的结构特征、冯兆东与秦大河[45]对末次冰期以来终碛的沉积类型和沉积过程、秦大河等[46]对主玉木冰期以来冰川变化和发育环境进行更深入的探讨。随后崔之久等[47, 48]，朱诚等[49]，刘耕年等[50]和熊黑纲等[51]对河源区的冰缘地貌及其形成过程进行了长期定点观测，内容包括石冰川、多边形、石河、倒石锥、冻胀丘、泥流舌和石流坡等，较为全面地分析了冰缘地貌的形成特征和发育规律。

　　对冰川地形（侵蚀地形与沉积地形）进行精确定年是第四纪冰川研究的基本要求，也是冰冻圈演化与古环境重建内在的基本要求。王靖泰[43]较早应用

常规 ^{14}C 法对河源区的冰川沉积及其上覆黄土中的古土壤层进行了测年，推测了上望峰冰碛的沉积时间。

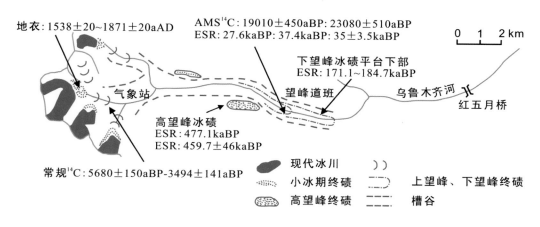

图2.4 乌鲁木齐河上游冰碛序列测年平面分布图

2.2 近期科研进展

1999 年，天山冰川站成为首批国家野外站（试点站），2006 年经现场评估和在北京的答辩会议正式成为国家级野外观测研究站，在国家站中的名称为"新疆天山冰川国家野外科学观测研究站"。2007 年又被选为中国科学院特殊环境网络重点站。在成为国家站至今的 10 余年中，天山冰川站共发表学术论文 600 余篇，专著 20 多部，不仅取得一批具有国际先进水平的科研成果[52, 53]，而且抓住国家科技工作整体提升和中国科学院实施知识创新工程机遇，积极应对挑战，在观测体系和平台建设方面也取得了长足发展，以下进行较为详细的介绍。

2.2.1 观测工作和平台建设

增加了定位、半定位观测站点和长期观测的参照冰川。1998 年 8 月选择奎屯河哈希勒根 51 号冰川作为第二个定位监测的参照冰川，开展每年 1—2 次的观测。2004 年 8 月下旬和 2008 年 8 月，分别选取哈密庙尔沟冰帽和托木尔峰青冰滩 72 号冰川作为第三和第四条参照冰川，由此形成一个以 1 号冰川为中心，辐射天山东西两端的较为完善的天山冰川监测网络。

为拓展到阿尔泰山脉，天山冰川站于 2008 年开始与喀纳斯景区管委会合作，2009 年实施阿尔泰山友谊峰喀纳斯冰川联合考察，2011 年与喀纳斯景区签署协议成立"阿尔泰山冰川积雪与环境观测研究站"。经过一系列筹划和前期准备，2015 年与新疆吉木乃县政府联合建立"中国阿尔泰山冰冻圈科学与可持续发展综合观测研究站"。

与此同时，天山冰川站还对天山博格达峰的扇形冰川、四工河 4 号冰川、奎屯河哈希勒根 48 号冰川、阿尔泰山布尔津河 18 号冰川、玛纳斯河源鹿角湾冰川、西昆仑山公格尔九别峰克拉亚依拉克冰川等实施了半定位观测研究，获取到更多及更大范围的冰川观测研究资料。

2010 年 10 月，天山冰川站将冰川观测研究拓展到祁连山脉，将黑河上游的一条参照冰川命名为"十一冰川"，开始对该冰川和"七一冰川"、"八一冰川"开展连续系统的观测研究。

依托上述观测站点的冰川观测网络，对于学科发展、中国西部尤其是干旱区水资源研究起到了重要作用。在此基础上，天山冰川站还建立了阿尔泰山站气候、冰川、积雪、生态学观测系统，阿克苏河上游冰川学观测系统和哈密地区冰川水文监测系统。形成了西北冰川区气溶胶观测网络，以及基于 T-200B 雨雪量计（挪威产）观测技术，以天山、祁连山和阿尔泰山参照冰川区为观测网点的冰川区降水观测网络。

2014 年开始，天山冰川站承担中国北极黄河站 Austre Lovénbreen（奥斯塔洛文伯林）和 Pedersenbreen（彼得森伯林）两条参照冰川的观测研究工作，将天山冰川站冰川观测经验和规范应用到极地。

规范了观测方法和数据质量，与国际全面接轨。天山冰川站自建站以来设置各种特殊观测 300 多项。常规观测项目涉及 6 个学科方向，100 多个条目。严格按照相关规范要求进行观测和数据整编。2008 年完成的《冰川及其相关观测方法与规范》[54] 和 2009 年完成《冰川动力学模式基本原理和参数观测指南》[55]，即为基于天山冰川站自身工作积累，在其他冰川区域得到积极推广应用的观测工作指南。数据提交按照世界冰川监测中心（WGMS）发布的指南执行。数据为联合国环境规划署（UNEP）的 ENVIRONMENTAL DATA REPORT（环境数据报告）数据集和 GEO DATA PORTAL（地球数据入门）数据库收录。2010 年 WGMS 召集多个国际相关组织和各国的国家冰川监测通讯员在瑞士制定未来 10 年国际冰川监测的规划和重点任务，天山冰川站积极参与这一活动，提出针对中亚干旱区的冰川监测计划和数据规范被采纳。2014 年，天山冰川站进入全球冰冻圈观测（GCW）计划，成为全球 14 个超级站之一。

观测数据平台升级。2010 年完成了河源区 3 个水文、气象观测断面的观测自动化升级改造，并与水利厅合作，在后峡站区附近新建标准水文断面一个。通过无线数据传输，实现了数据的异地实时浏览和下载，大大提高了观测数据的时效性和精度，结束了天山冰川站近 30 年人工气象、水文观测的历史。2010 年 11 月，在 1 号冰川末端建成了我国首个冰川监测塔，实现了对冰川的动态实时监测。

基础设施更新改造。2004 年完成了高山站活动房修建和旧房改造、基本站锅炉管道系统的更新换代。2007 年在站区开展植树和环境整治。2008 年实施基本站综合楼建设项目，对危旧房进行拆除，站区重新规划。2010 年在前期综合楼建设基础上，完成了专家公寓及研究生宿舍、车库、低温实验室、锅炉房、围墙等外装工程；低温实验室和车库彩钢屋顶工程；围墙外建筑垃圾及炉渣清理；标准灯光篮球场、乒乓球室建设等。2011 年对专家公寓和职工宿舍内部进行全面改造装修。2014 年完成了天山冰川站基本站职工宿舍楼和高山站危房改造重建工程，在基本站新建 700 m² 二层楼一栋，解决了站上职工住宿问题；对高山站的危房进行了拆除，新建 130 m² 彩钢板房屋，可以容纳 20 ～ 30 人，能够满足夏季观测需要。

2.2.2 冰川变化过程、机理与模拟预测

20 世纪 80 年代，全球冰川出现明显退缩，最近 20 年，退缩呈现加速趋势。冰川退缩是冰川对气候变化的响应，搞清这一响应的过程和机理，对冰川及其融水径流的未来变化进行模拟预测，是国内外共同的研究目标。对冰川变化的

模拟预测包含两个方面：一是冰川物质平衡模拟，需要在搞清冰川积消机理基础上，发展适用于中国山地冰川的物质平衡模型进行模拟；二是冰川的几何形态变化模拟预测，需要利用冰川动力学模式进行冰川内部引力场与流场的计算与刻画。上述研究是国际前沿和难点，天山冰川站的研究解决了诸多难点，通过试验对比，研究了不同物质平衡模式的特点和适用范围[56]，确立了基于简化能量平衡的物质平衡模型。在构建适用于中国山地冰川的动力学模型方面，取得突破性研究进展（图2.5）。

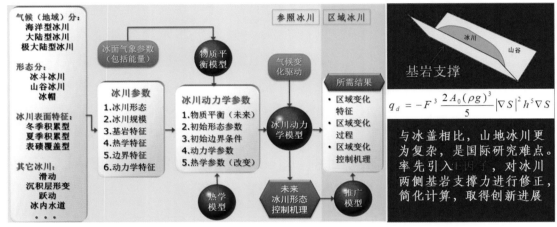

图2.5 实现山地冰川动力学模型的创新突破，构建了中国山地冰川几何形态模型体系

为获取模式所需参数，天山冰川站增加或恢复了多项冰川物理学和冰面微气象观测。2006 年在 1 号冰川钻取了 8 个温度测孔，恢复了中断 20 年的冰川温度观测，并将测温工作扩展到天山其他参照冰川。冰川运动速度的观测也由原来的每年一次增加到每月一次。2007 年购置的 PulseEKKO PRO 增强型雷达和 RTK-GPS 测绘系统，实现了冰川厚度和运动速度的现代化观测。2014 年引进当前国际上最尖端的 RIEGL vz-6000 三维激光扫描仪，将冰川变化、运动的观测提升至国际领先水平。

遥感技术是大范围冰川变化研究的重要手段。近年来，天山冰川站购置了参照冰川区域和其他几个重要区域的高分辨率卫星遥感影像，通过自主创建的 3S-GPR 技术，开展遥感影像和早期地形图的比较，并结合地面验证，获取了新疆和祁连山地区大范围冰川变化信息，在此基础上分析了冰川变化及其对水文、水资源的影响。所取得的研究成果为我国西北地区水资源管理与高效利用，区域经济社会可持续发展战略决策的制定，提供了重要的科学依据，也为国内外广泛引用和报道。

1号冰川加速变化观测事实。冰川物质平衡、冰川形态及冰川积累区粒雪—冰川冰演化过程的改变均是冰川对气候变化响应的表现形式。观测表明，乌鲁木齐河源区从20世纪60年代至80年代中期，气温和降水基本处在正常波动的范围，1985年，气温和降水均处于低值，之后呈升高趋势。1996年以来，气温和降水同步迅速增加，河源区进入历史上最为明显的暖湿阶段。气温升高，首先造成1号冰川表面粒雪特征和成冰作用的变化，表现为冰川上的积雪厚度减薄，结构变简单，各种粒雪的边界变模糊。雪坑中粗粒雪含量从20世纪60年代的40%增加到65%，细粒雪的含量从最初的25%减少到7%。冰川消融区持续扩大，各成冰带界限上移，东支顶部局部出现冰面消融小湖，并具备了消融区特征[57~60]。

冰川物质平衡变化是冰川对气候变化的最直接反映。由于1号冰川的物质平衡曲线与全球冰川物质平衡标准曲线相比，无论在变化幅度上还是在变化规律上都极为相似，因而可以通过1号冰川的研究，揭示全球山岳冰川的平均物质平衡变化情况。观测研究表明（图2.6），1959—2008年间1号冰川物质平衡出现两次加速亏损，表明冰川的两次加速消融[61~65]。第一次始于1985年左右，累积物质平衡变化率由-78.3 mm/a降至-219 mm/a。第二次始于1997年，更为强劲，变化率降至-662 mm/a，与此间气温的升高能很好吻合。自20世纪90年代中期以来，物质平衡仅在2009年为正值（63 mm），其原因可能是当年夏季气温较低：5—8月平均气温较2008年低1.8 ℃[66~69]。1号冰川平衡线高度在1959—2008年间总体呈上升趋势，并在2008年达到最高值（海拔4168 m），接近该冰川的顶部，研究表明气温是冰川平衡线高度变化的主导气候因素[70~72]。王圣杰等（2014）的研究，定量分析了高亚洲地区有较长时间序列的11条冰川物质平衡和大气0 ℃层高度的相关性，揭示出大气0 ℃层高度升降对区域冰川物质平衡的影响、敏感性和差异[73]。

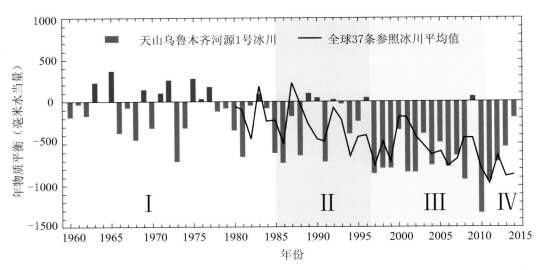

图2.6 1号冰川物质平衡：Ⅰ：1959—1984年缓慢变化：小冰期之后的延续退缩，其中在20世纪70年代有短暂平衡；Ⅱ：1985—1996年第一次加速：原因是正积温和冰温升高，降水增加减缓；Ⅲ：1997—2010年第二次加速：原因是正积温和冰温升高，反照率降低，降水增加无助于冰川保护；Ⅳ：2010—2014的变化减缓

　　由于利用冰川学方法观测计算物质平衡时会产生系统误差，且不断累积，因此世界冰川监测中心（WGMS）倡议通过大地测量的方法对观测值进行检验和修正。王璞玉等（2014）对1号冰川的研究表明，冰川学方法和5次大地测量方法得到的结果相差均在10%之内，表明延续多年的观测具有很好的质量控制（图2.7）[74]。

　　尽管冰川面积、厚度和长度的变化一般滞后于气候变化，但近30年1号冰川也呈现出加速减小趋势[57, 75]。1号冰川面积从1962年的1.95 km² 减小到2009年的1.65 km²，47 a间共减小了0.3 km²（15.4%）。从减小速率上看，1986—2009年为0.0086 km²/a，比1962—2009年的0.0062 km²/a高出38.7%。冰川末端在1959—1993年间以4.5 m/a速度退缩。自1993年东、西两支冰舌完全分离后，西支的退缩速率升至6.0 m/a。厚度测量结果表明，1号冰川平均厚度在1981年为55.1 m，2001年为51.5 m，到2006年减小到48.4 m，两个时段年平均减薄速率由0.18 m/a升至0.62 m/a（图2.8）。

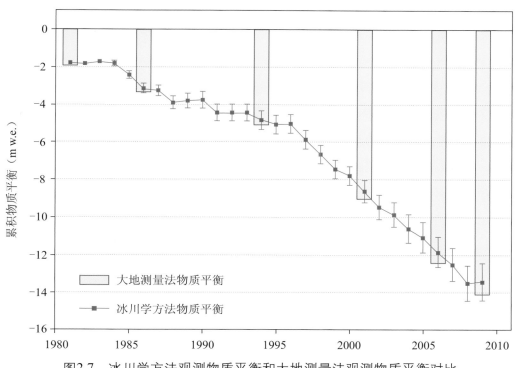

图2.7 冰川学方法观测物质平衡和大地测量法观测物质平衡对比

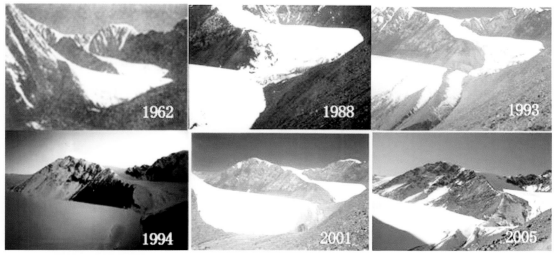

图2.8 1962—2006年乌源1号冰川退缩显著，面积减少14%；1993年东西支分离为独立冰川

冰川加速消融机理。通过1号冰川的研究，李忠勤等揭示出大陆型冰川加速消融的机理有三个方面[76]，一是冰川区正积温增大，直接造成了冰川

消融量的增加；二是冰川的冰体温度升高，减少了冰川冷储，提高了冰川对气候变化的敏感性；三是雪冰内粉尘与冰碛物等杂质对冰川消融的正反馈机制。

关于第三项机理，研究表明[77]，强烈消融引发雪冰内气溶胶粉尘与冰碛物等杂质在冰川表面的聚集作用加强，降低了冰面反照率，提高了冰川对辐射能量的吸收效率，从而更加剧了冰川的消融。与此同时，气温升高，附着在粉尘表面的有色微生物冰穴尘（cryoconite）数量的大幅增加，也是降低冰川反照率，加剧冰川消融的另一重要原因（图2.9）。

图2.9　中日、中德冰川表面颗粒成分对冰川反照率影响合作研究

1 号冰川变化模拟预测。李慧林等以冰川对气候变化响应过程和机理为基础，构建了基于物质、动量守恒和 Glen 流变定律的冰川动力学模式，耦合冰川物质平衡模式，对 1 号冰川的过去变化进行了重现，对未来动态变化进行了模拟预测[78]。结果显示，在 IPCC 2007 SRES A2、A1B 和 B1 升温速率下，1 号冰川将在未来 70 ~ 90 年消失，若保持乌鲁木齐河源区过去 30 年的升温速率（0.5 ℃ /10a）不变，该冰川将在未来 50 年后消失（图 2.10）。冰川融水径流的多寡与大气升温速率有关，2050 年之后其量值会急剧减少。通过敏感试验，将模拟预估结果推广运用至天山不同区域的其他冰川，结果表明，49.0% 的冰川很可能比 1 号冰川更快消失，其面积 和体积分别为东天山冰川的 13.7% 和 3.5%。东天山四个区域中，吐鲁番—哈密盆地中迅速消失的冰川百分比最大。这项研究首次较为准确地预估了中国冰川未来变化过程和消亡时间，引起广泛关注。

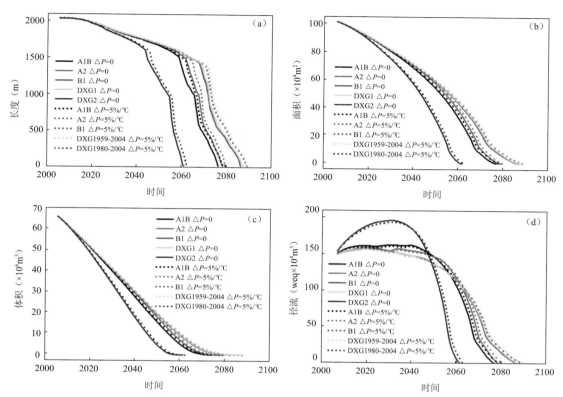

图2.10　1号冰川未来动态变化模拟预测结果
（a：长度变化；b：面积变化；c：体积变化；d：融水径流变化）

冰川厚度（储量）观测研究。运用3S-GPR（探地雷达）技术，王璞玉等对天山和祁连山的11条冰川厚度及其变化进行了观测研究[79～92]，初步分析结果表明，1962—2006年1号冰川平均厚度减薄12.1%，储量减少24.4%。博格达峰黑沟8号冰川冰舌平均减薄13 m，年均减薄0.57 m；四工河4号冰川在1962—2009年间平均减薄15 m，年均减薄0.32 m。青冰滩72号冰川1964年至2008年期间冰舌表面高程的变化在2～-30 m范围，处于整体减薄状态，平均减薄9.6 m，末端减薄最为强烈，达30 m以上。哈希勒根51号冰川在1980年代到2010年间，平均厚度减薄约10 m，由此导致约29%的冰储量损耗。1972—2011年，榆树沟6号冰川厚度平均减薄20 m，减薄速率约为0.51 m/a，末端年均退缩6.5 m/a。测定阿尔泰山地区萨吾尔山北坡木斯岛冰川的最大厚度为125.8 m，平均厚度为60.5 m（图2.11）。

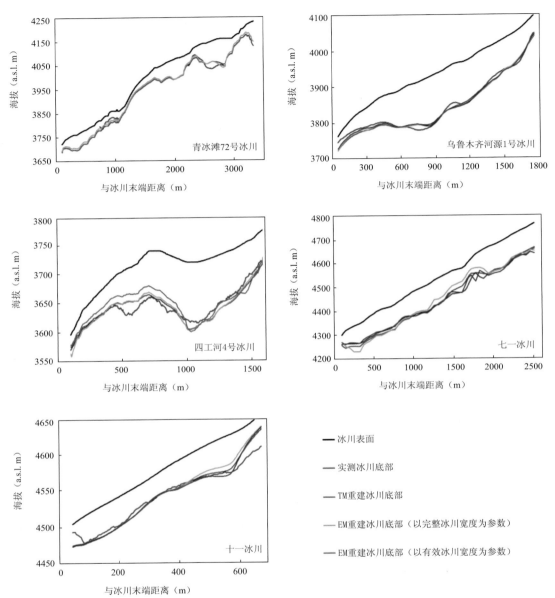

图2.11　原创冰川厚度模型（EM）与传统冰川厚度模型（TM）重建的冰川底部剖面与实测底部剖面比较结果

　　为估算无测厚资料冰川的厚度和储量，李慧林等提出一套适用于山岳冰川的主流线厚度计算模型[93]。该模型基于流体动力学与理想塑性体理论，通过冰川坡度、宽度、冰的屈服应力与冰川厚度间数学关系来求取厚度。由于仅以冰川几何形态参数作为输入，该模型具备在流/区域尺度应用的潜力。已有研究结果表明，对我国广泛分布的山谷冰川来说，其模拟精度高于其他同类模型。该模型弥补了我国在冰川厚度分布模拟方面的空白，得到国际上的高度评价[94]。

乌河源区水文学研究。冰川融水径流量变化是冰川对气候变化响应的重要综合性指标。杨针娘等曾用水量平衡法推算出 1 号冰川 1958—1985 年平均融水径流深为 508.4 mm/a[26]，李忠勤等[57] 和 Li Zhongqin 等[95, 96]用相同方法计算出该值在 1986—2001 年上升至 936.6 mm/a，增加了 84.2%。分析表明，1 号冰川水文断面径流变化主要取决于气温，其次是降水。对于空冰斗融雪径流，降水是主导因素（图 2.12）。而总控水文断面径流大小与气温和降水关系比较复杂。孙美平等的模拟研究表明，消融期气温波动对冰川融水径流影响显著；1 号冰川融水径流在未来几年将保持稳定趋势；1 号冰川和总控断面径流的未来变化与流域冰川覆盖度有密切关系[97 ~ 100]。该研究系统分析了不同冰川覆盖率情景下冰雪消融特征及产汇流过程[101, 102]。

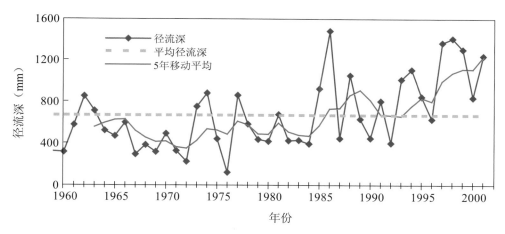

图2.12　由于强烈消融，1号冰川径流在1986年之后大幅增加

区域冰川变化及其对水资源影响。基于遥感和地面观测资料，李忠勤等对新疆 1800 条冰川进行了研究，分析了冰川变化对新疆各区水资源影响[103 ~ 112]。结果表明，过去 26 ～ 44 年间，这些冰川总面积缩小了 11.7%，平均每条冰川缩小 0.243 km²，末端退缩速率 5.8 m/a。冰川在不同区域的缩小比率为 8.8% ～ 34.2%，单条冰川的平均缩小量为 0.092 ～ 0.415 km²，末端平均后退量

为 3.5 ～ 10.5 m/a。未来气候变化对新疆各个区域水资源的影响程度和表现形式各异。塔里木河流域现今该区冰川消融正盛，估计在今后30 ～ 50 年，只要保持升温，冰川融水量仍会维持。未来 20 ～ 40 年，天山北麓水系中，1 km²左右的小冰川趋于消失，大于 5 km² 冰川消融强烈。东疆盆地水系中的冰川数量少，并处在加速消融状态，河川径流对冰川的依赖性强，冰川的变化已经对水资源量及年内分配产生影响，水资源已经处在不断恶化之中。对于伊犁河与额尔齐斯河流域，未来冰川变化对水资源的影响在数量上可能有限，但会大大削弱冰川融水径流的调节功能。而气候变化对积雪水资源的影响和可能造成的后果应该予以特别关注（图 2.13）。

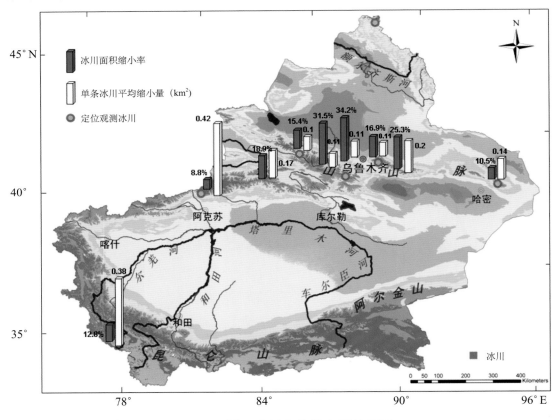

图2.13　新疆冰川变化的空间特征图

通过遥感影像解译和地面观测相结合的方法，研究揭示了天山、阿尔泰山、祁连山脉冰川面积和长度的变化，分析了引发冰川变化的气候、地形因素。结果表明，过去 50 年来中国天山冰川平均面积减少约 20%。天山中部冰川区面积减小较东部和西部大[113]。作为天山中部阿克苏河的重要支流，台兰河流域的冰川退缩趋势显著，1972—2011 年间面积从 435.44 km² 缩小到 385.38 km²，减少了 50.06 km²（11.50%）[114]。天山艾比湖流域在 1964—2005 年间所研究的 446 条冰川面积从 366.32 km² 缩小到 312.53 km²，变化率为 14.7%（0.4% /a）[115～117]。天山博格达峰地区和玛纳斯河源头冰川变化亦十分显著，气温的升高是其主要原因[118, 119]。流域冰川覆盖率的大小是造成近期哈密地区哈尔里克山区流域河川径流差异的根本原因[120, 121]。

中国境内阿尔泰山友谊峰地区的 201 条冰川在 1959—2008 年间面积减少了 30.4%。55 条冰川已经完全消失。冰川表面高程平均减少 20 m，即 0.4 m/a。其中友谊峰地区的喀纳斯冰川，高程变化介于 -101 m 和 38 m 之间。该区低海拔和面积较小的冰川，高程变化更为强烈。冰川强烈消融退缩与该区很高的气温升高速率（0.52 ℃ /10a）有关[122, 123]。

另有研究揭示了过去 50 年祁连山中段（包括黑河流域和北大河流域）的冰川空间分布状况及其变化特征[124～128]，研究的 910 条冰川总面积从 1956 年的 397.41 km² 缩小到 2003 年的 311.02 km²，面积缩小比率达 21.7%。祁连山西段（大雪山和党河南山）1957/1966—2010 年研究区冰川面积缩小了 17.21%，与祁连山东、中部冰川相比，减少幅度较小。

其他研究。研究揭示了 1 号冰川和 72 号冰川运动速度的季节变化特征和影响因素[129～131]；不同冰川带冰芯剖面的物理特征、形成机理和相应的水热条件[132]；托木尔地区冰川区表碛空间分布特征及其对消融的影响[133]；气候变化背景下天山乃至中国西部冰川面积的变化状况估算等[134～136]；多种遥感分类方法提取冰川边界等[137, 138]；中国天山山区降水极端事件及空间分布模拟研究等[139, 140]，在此不再细述。

2.2.3　大气—粒雪—冰川冰演化过程和雪冰化学

为研究降雪转化成为冰川冰的物理化学过程，揭示后沉积作用对冰芯记录的影响，天山冰川站在已有研究基础上，开展了 1 号冰川大气—粒雪—冰川冰演化的物理化学过程观测研究。这一项目吸引了国内外多个研究机构的合作研究，被国际同行称为雪冰演化过程研究计划（The Program for Glacier Processes Investigation, PGPI）项目。2002 年 7 月，在 1 号冰川海拔 4130 m 积累区建立了观测试验场，开展连续、系统的观测取样工作。观测项目主要包括气象要素和降雪成冰的物理演化过程。采集的样品包括气溶胶、雪冰、冰芯样品等。由于雪坑样品和气溶胶样品在冬季极端寒冷的冰川上仍需不间断采集，增添了科研人员工作的艰辛。截至 2010 年，PGPI 项目取得了大量珍贵观测资料，累计采集气溶胶 300 余个，雪坑样品 5000 多个，冰芯多支。经过 8 年连续观测取样，首次观测到 1 号冰川降雪—冰川冰演化的物理化学完整过程（图 2.14～图 2.16）。

图2.14　雪冰深化过程研究计划项目中的雪坑观测取样和气溶胶样品采集

图2.15　1号冰川透底冰芯钻取和样品处理　　　图2.16　1号冰川浅冰芯钻取

雪冰化学是冰川学重要研究内容之一。天山冰川广布，且位于中亚沙尘暴发源区，是雪冰化学与粉尘气溶胶研究的良好区域。早在 1995 年天山冰川站便开始了雪冰化学方向的观测研究，近年来将这些研究扩大至天山和阿尔泰山脉的其他冰川，研究内容也有很大扩展。

为满足天山冰川站雪冰化学方向的需求，2003 年建立了天山冰川站雪冰化学分析实验室，目前已配置了两台离子色谱仪、微粒粒径分析仪、液态水同位素分析仪、选择离子流动管质谱仪、单颗粒黑碳光度计分析测试系统、含水率计、超纯水机和各种雪冰物理、化学分析仪器。

迄今为止，天山冰川站在雪冰化学方面的研究已发表 60 余篇学术论文，其中有 10 余篇发表在 *Journal of Geophysical Research*（地球物理学研究杂志），*Geophysical Research Letters*（地球物理学研究通讯），*Journal of Glaciology*（冰川学杂志）和 *Annals of Glaciology*（冰川学集刊）等国际主流刊物上。主要成果在 2008 年 AGU 秋季大会以特邀报告形式做了展示。新成果还在不断涌现。

气溶胶成分在大气—降雪过程中的演化。对大气和冰川表层雪中的气溶胶成分相关关系研究表明[141~146]，1 号冰川表层雪与气溶胶中的 NO_3^- 在长时间尺度上表现出较好相关性，气溶胶中的 NO_3^- 会受到污染事件的影响。NH_4^+ 在气溶胶和表层雪中随时间的变化规律非常相似，呈现出春、夏及秋季浓度高，冬季低的特征，气温与湿度的升高会加剧 NH_4^+ 在气—雪界面的交换，使其变化趋于同步。干季（秋季和冬季）两圈层的 NH_4^+ 相关性相对较差。Ca^{2+}、Mg^{2+} 在气溶胶和表层雪中的整体变化趋势相似，平均浓度夏季最高，冬季最低，但 Ca^{2+} 浓度峰值的出现稍早于 Mg^{2+}。SO_4^{2-} 在气溶胶和表层雪中的变化规律相似，每年出现两个高值期（春末和夏末秋初）。表层雪和大气中的不溶气溶胶颗粒物有相似的变化规律，峰值与沙尘暴输入有关。

粒雪—冰川冰演化物理、化学过程。基于 PGPI 项目连续 8 年的观测资料，李忠勤、王飞腾、尤晓妮、周平、李传金、李向应等人对暖型成冰作用条件下的雪—冰演化过程和规律进行了研究[147~151]，结果表明，1 号冰川积累区新雪演化成冰川冰的时间约为 41~47 个月，8—9 月为主要成冰期，融水是影响成冰时间及成冰量的重要因素。污化层的形成时间是在夏季消融期末，春季出现的微弱污化层用肉眼无法察觉，并最终与夏末污化层合并。春季气温在 0 ℃

上下波动，造成冰片大量发育。深霜形成在 10 月中旬，当雪层中的温度梯度达到 13.0 ℃/m 的条件，在次年 6 月，受融水改造而成为粗粒雪层，深霜形成过程会导致雪层氧同位素产生分馏变化。

粒雪—冰川冰演化化学过程的研究，揭示了雪坑中的污化层与不溶微粒中的粗颗粒（大于 10 μm）浓度峰值有很好的对应关系[152, 153]。Mg^{2+} 在春季由沙尘暴、降水输入后，在雪层上部形成若干浓度小峰值，而经过淋溶作用后，在夏季消融期末形成一个稳定峰值，与污化层相对应。NO_3^- 经夏季消融影响后，峰值与污化层不再对应，浓度损失大于 Mg^{2+}。雪层中的各种化学成分经过一系列后沉积过程，最终演变成为冰芯化学记录，这一过程中，化学成分的浓度和变化规律（表现在浓度峰值之间的距离上）发生了变化。与冰芯资料的对比研究表明[153]，雪层离子通量的损失高达 55% ~ 69%，而被保存的浓度峰间距信息略高于 50%。但尽管如此，冰芯记录仍然保持了年际分辨率，对长时间尺度气候和环境变化趋势等信息有较好保存。李忠勤等的研究发现了产生淋溶作用的气温阈值[154 ~ 157]。当雪层中上部的大气日均温度达到 -3.6 ℃ 时，淋溶作用开始，当温度升至 0.3 ℃ 时，雪层上部产生大量融水，当年积累的物质已被淋溶殆尽，雪层记录被完全损坏。

1 号冰川区气溶胶和雪冰化学研究。姚檀栋等的研究表明乌河源区降水中 $\delta^{18}O$ 可作为气温的替代指标[158]，这一结果对于整个天山地区的冰芯研究具有重要意义，被国际上广泛引用。孙俊英等通过 1 号冰川气溶胶和表层雪对比分析，发现大部分离子在气溶胶和表层雪中有很好的对应，但 NH_4^+ 和 NO_3^- 的对应关系较差，可能是受到沉积后作用的影响[159]。李新清等对冰芯的研究表明，1 号冰川中的有机质可能与当地污染和输送有关[160]。侯书贵等的研究揭示，冰芯 $\delta^{18}O$ 记录与夏半年平均气温之间具有较好的相关性，尽管淋溶作用对离子、pH 值和电导率有很大影响，但在一定程度上仍可反演沉积时的大气环境状况[161 ~ 163]。

赵淑惠等人的研究表明，气溶胶中主要可溶性无机离子以 SO_4^{2-}、NO_3^- 和 Ca^{2+} 为主，浓度与新疆偏远地区的本底值相当，远低于乌鲁木齐市的气溶胶样品[164 ~ 178]。单颗粒形貌、元素组成等特征分析表明气溶胶仍以自然来源为主[164]。1 号冰川中的重金属量值远高于其它冰川，主要是由于受中亚粉尘的影响[165]。

一些研究综合分析了 1 号冰川中各种化学成分，包括主要离子、不溶粉尘、痕量金属和 $\delta^{18}O$ 等特征及其季节变化[160, 167]。雪层中的氧同位素变化可以反映不同的水汽输送来源[177, 178]。

不同冰川区雪冰化学及气溶胶研究。对天山及阿尔泰山的雪冰化学研究表明[179~200]，天山东部地区雪冰化学存在空间差异，自西向东积雪中不溶微粒的质量浓度、沉积通量和体积粒径分布众数都表现出增高趋势，与沙尘暴有密切关系[179~181]。博格达峰地区受到的人类活动的影响明显高于乌鲁木齐河源 1 号冰川地区，SO_4^{2-} 和 NO_3^- 在扇形分流冰川中的含量较高，与乌鲁木齐市人类活动污染来源有关，而在四工河 4 号冰川的来源较为复杂[188]。喀纳斯冰川雪坑中主要 NH_4^+、部分 NO_3^-、SO_4^{2-} 来自于生物质燃烧[189]。青冰滩 72 号冰川高浓度的 Mg^{2+} 和 Ca^{2+} 主要来源于附近的塔克拉玛干沙漠，SO_4^{2-} 则主要源于西风环流携带的大量沉积蒸发盐[190]。此外，一些研究还对天山东部雪冰中硝酸根浓度与中亚生物质燃烧的关系[191]，雪冰中黑碳浓度的时空变化特征[196]，天山冰川区大气氮沉降量估算[197]，1 号冰川雪样品中的同位素示踪元素和稀土元素特征及来源[198]，可溶和不溶性铁矿尘气溶胶特性[199]，偏远地区大气中 PM10 特征进行了分析研究[200]。

乌河源区水化学观测研究。乌鲁木齐河源区大气降水、径流样品的分析结果表明，降水离子特征接近中性，径流离子特征呈弱碱性。径流中 EC 和 TDS 均值为总控 > 1 号冰川 > 空冰斗水文点，受河源区不同下垫面和日径流量变化影响，1 号冰川水文点 TDS 变化最为显著。控制乌鲁木齐河源径流离子的主要过程是碳酸盐、黄铁矿和长石类矿物的风化作用[201~204]。1 号冰川径流总的侵蚀率为 0.08 mm/a，TDS 和悬移质泥沙（SS）具有明显的年内和年际变化规律，反映出物质侵蚀输移过程的差异。83% 和 70% 的泥沙和溶解性物质在消融强烈期（7 月和 8 月）被径流输送。冰川径流中物理侵蚀为固体输运过程主要控制因子，融雪径流则是物理侵蚀和化学侵蚀共同控制。气温和降水量变化对该冰川径流中的物质含量变化具有明显影响[205~207]。

同位素水文、水资源研究。采用冰川融水同位素径流分割法对天山地区水资源对气候变化响应的敏感性问题进行分析探索，研究发现，冰川补给河流对气候变化的敏感性取决于冰川融水所占份额，冰川补给比例高的河流其水资源对气候变化更加敏感[208]。利用降水同位素与氘盈余量化水汽来源，得出外来水汽是新疆降水的主要水汽来源，比例达 92%；而本地水汽比例仅为 8%[209]。研究发现乌鲁木齐河流域山区夏季水汽主要来源西风环流输送，冬季水汽主要受西风环流和极地气团共同影响[210]。对哈密地区榆树沟流域各类水体稳定同位素的监测研究发现，春洪期间雪融水是河流补给的主要来源。夏季河水的主要补给来源是冰川融水，其次是地下水，受降水影响较小。该区水汽来源主要受平稳的西风环流控制，只有在春季偶尔有极地水汽的作用[211, 212]。

2.2.4 冰缘植被与生态

该方向研究系与兰州大学、新疆农业大学和北京大学等单位合作完成。研究阐明了乌鲁木齐河源区高寒冰缘植被特征及其与生态环境关系；确定了高山离子芥是研究抗冻（零下温度）机理的理想材料；在抗冻蛋白分离和抗冻相关基因克隆和转化方面有了新的研究突破，包括发现、分离出高山离子芥冷诱导蛋白 3 种，克隆了高山离子芥抗冻相关蛋白基因序列 17 条，并登录到 GenBank[213～215]。

研究获得了高山离子芥 MAP 激酶基因 CbMAPK3 的克隆技术[216]。实验中从高山离子芥愈伤组织中克隆得到了含完整编码区序列的 MAPK 基因 CbMAPK3，预测的氨基酸序列包含 MAP 激酶所具有的 11 个保守区，并且在 195—197 个氨基酸的位置有 MAP 激酶所具有的 TEY 基序。序列分析表明 CbMAPK3 激酶和其他植物中与抗逆有关的 MAP 激酶同源性很高，CbMAPK3 基因的表达受低温胁迫的诱导，因此可以推测 CbMAPK3 也是在抗逆胁迫中起作用，为进一步研究 CbMAPK3 的功能提供了方向。通过研究高山离子芥细胞在不同低温胁迫中活性氧代谢及 AsA-GSH 循环中生理指标的动态变化，揭示其响应低温胁迫的部分生理机制[217]。同时成功克隆高山离子芥细胞 PLD 基因，并揭示了 PLD 在高山离子芥特殊抗寒机制中扮演着重要角色[218]。

研究了雪莲的繁殖生物学特性及其与环境的关系，分析了高山红景天和 3 种高山胎生植物：胎生鳞茎早熟禾、珠芽蓼、零余虎耳草的胎生繁殖特性。研究发现天山北坡高山红景天叶绿体随海拔升高表现出一种非线性变化趋势，具体表现在3800 m处有一个拐点,这可能是高山红景天在东天山分布的最佳生境,该研究取得了良好社会经济效益[219～221]。

图2.17　冰缘植被景观、栽培和观测

通过变性梯度凝胶电泳（DGGE），对天山乌鲁木齐河源1号冰川不同海拔表层雪及雪坑雪中真核微生物的多样性进行比较分析，并结合$\delta^{18}O$分析结果，探讨了1号冰川雪中真核微生物多样性分布及其时空特征[222]。结果表明，1号冰川真核微生物分属于 Viridiplantae，Fungi，Amoebozoa 和 Alveolata 四大类，藻类为主要类群，且均为衣藻序列。比对结果显示，人类活动已明显影响到冰川中微生物的分布。同时，研究发现真核微生物多样性与海拔及雪样积累时间均呈负相关，与$\delta^{18}O$值呈正相关，表明温度是造成这种多样性分布时空变化的主要因素，暗示真核微生物同$\delta^{18}O$值一样，可作为气候环境变化的指标。研究查明了冰川表面冰尘特征、冰尘中蓝藻的种类及冰尘中无机矿物颗粒的粒度特征[223]。乌鲁木齐河源1号冰川东支前沿裸露地的微生物学研究发现，环境变化是冰川前沿裸露地微生物群落时空变化的主要驱动力[224]。研究探明了冰缘冻土活动层古菌群落的垂直分布格局[225]。揭示了冰川表面粉尘中蓝细菌群落结构及其系统发育[226]。

2.2.5 第四纪冰川研究

随着可对冰川地形进行直接与间接定年的测年技术的发展与应用，众多学者应用一种或多种定年方法，如质谱加速器 [14]C（accelerator mass spectrometry ^{14}C, AMS[14]C）法、电子自旋共振（electron spin resonance, ESR）法等结合传统的地衣年代测定法、常规 [14]C 法、热释光（thermoluminescence, TL）法等取得的年代学数据[227～233]，在乌鲁木齐河流域建立了中国最为详尽的第四纪冰川与环境演化序列，施雅风等[234] 对此进行了系统总结，成为《中国第四纪冰川与环境变化》成果中的核心内容之一，后者获得 2008 年国家自然科学二等奖。近年来，数位学者应用光释光 (optically stimulated luminescence，OSL) 与宇宙成因核素（cosmogenic radionuclide，CRN）法[235～239] 对河源区的第四纪冰川进行了对比测年研究，使得本区成为中国，乃至高亚洲第四纪冰川研究的蓝本。

此外，以阿尔泰山喀纳斯冰川观测站为依托，许向科、赵井东、张威等学者及其课题组成员在详尽野外考察的基础上，应用 OSL 和 ESR 测年技术对喀纳斯流域的第四纪冰川沉积进行了定年[240～242]，结合冰川漂砾表面钙膜的常规 [14]C 法年龄以及我国西部第四纪冰川演化模式，得出了喀纳斯流域发育了小冰期、新冰期、末次冰期、MIS6 与 MIS12 冰期冰川作用的完整序列，特别是湖口末次冰期冰川沉积系 MIS2、MIS3 中期与 MIS4 沉积的科学结论。这对提高该地区冰川地貌演化认识，重建喀纳斯流域冰冻圈演化有非常重要的科学意义。

2.3 未来工作展望

天山冰川站与我国冰川学研究的历史一样长久，半个多世纪以来，经历了建站初期的科研热潮和"十年动乱"的萧条，历经了"文革"后发展的"春天"和中国科学院实施知识创新工程后的创新发展。纵观其发展历程，无不体现着我国冰川学前进的脉动。天山冰川站的生存和发展有赖于国家科技发展和中国科学院、研究所的长期支持。随着我国综合国力的提升，科研投入的加大，国内外冰川与全球变化研究的升温，天山冰川站也迎来了其蓬勃发展的黄金时代。

　　老一辈冰川学家的艰苦创业精神和亲切关怀，各级领导一如既往的支持，为天山冰川站注入了强大发展动力。天山冰川站传承着我国冰川学工作者不畏艰苦，拼搏奉献的精神。50多年来，科研人员远离家乡亲人，顽强奋斗在高寒缺氧的科研第一线。天山冰川站的工作，历来离不开一批有理想、有知识、勇于拼搏和充满激情的青年人。如今，又培养、会聚了一个"80后"、"90后"团队，活跃在第一线，不仅担负着冰川站的科研、建设和管理，而且还承担着天山冰川观测网络的观测和建设任务，他们的奉献，无疑是天山冰川站向更高目标迈进的源泉。

　　新形势下面临着众多的机遇和挑战，如何发展需要深思熟虑。无疑天山冰川站将一如既往地强化自身特色，不断扩大和完善山地冰川监测体系以适应学科发展需求，发挥观测平台和技术优势，紧跟国际冰川学研究前缘和发展趋势，为建设国际一流的冰川站而努力奋斗。近期着力部署三个方面的科研工作：一是加强与冰冻圈的其他要素（积雪、冻土、河冰等）的相关集成研究；二是深化以冰川物质平衡、冰川动力学研究为核心的全球尺度冰川变化过程、机理与模拟预测研究；三是强化和开拓冰冻圈过程与服务研究领域。

3 影响与评价

3.1 科研贡献

围绕 1 号冰川系统长期观测研究,成为其他地区冰川学研究的典范和参照,在国际冰川学领域占有重要地位。国际上,经典的冰川学理论以冰盖和高纬度海洋型冰川的研究为基础,缺乏长期大陆型冰川的观测研究。该研究成果填补了国际冰川学对大陆型冰川研究的空白,是对国际冰川学的重要发展和贡献。1 号冰川被 WGMS 选为全球 10 条重点参照冰川之一,中国和中亚干旱区冰川的代表,WGMS 评估报告显示,1 号冰川过去 50 年的物质平衡变化曲线,与全球山岳冰川物质平衡的平均变化曲线一致,表明通过 1 号冰川的研究,可以了解世界冰川的平均消融状况,不仅在世界冰川监测网络中不可或缺,而且在国际冰川与全球变化研究中发挥着独特的作用。

天山冰川站发表的论著被国内外广泛引用,他引刊物包含 *Science*,*Nature* 和 *PNAS*,以及冰冻圈领域国际主流期刊。1 号冰川观测资料被定期刊登在国际水文科学协会(IAHS)、联合国环境规划署(UNEP)、联合国教科文组织(UNESCO)及世界气象组织(WMO)联合出版的 *Glacier Mass Balance Bulletin* 和 *Fluctuation of Glacier* 等数据集上,并为联合国环境规划署的环境数据报告(ENVIROMENTAL DATA REPORT)数据集和 GEO DATA PORTAL 数据库收录,为 IPCC 报告等全球变化研究广泛引用。2007 年,《全球环境展望》(*WGMS*)选取了 30 条典型冰川的观测结果,绘制出全球冰川的物质平衡标准曲线，在国际引起很大反响，1 号冰川就被选列其中。2011 年，天山冰川站被世界气象组织 WMO 列为其冰冻圈监测计划（GCW）中的超级站（Supersite），成为国际冰冻圈监测样板。

天山冰川站的研究工作同时也为地方经济可持续发展做出了重要贡献，包括为新疆自治区政府、水利、林业部门有关水文、水资源与生态环境政策法规的制定提供重要科学支撑；在"新丝绸之路"建设中开展对中 - 吉、中 - 哈水资源变化的调查预估；新疆天山自然遗产申报；推动在新疆喀纳斯和天池两个 5A 景区建立冰川观测研究站；强化新疆冰雪监测和冰雪科普教育；发展冰川特色旅游；推动实施"新疆维吾尔自治区天山一号冰川保护区域"建立，服务于乌鲁木齐市水资源保护等方面，取得了良好的社会经济效益。

基于天山冰川站研究成果向中国工程院、中国科学院重大咨询项目、新疆自治区政府和科技厅提交的多份有关冰川变化对水文、水资源影响的咨询报告，得到了中央和地方有关部门的重视。相关结果被广泛运用在各种与冰川有关的学术研究、水资源及环境变化评估报告中，例如《中国西北气候由暖干向暖湿转型问题评估》、《气候变化国家评估报告》、《中国西部环境演变评估》等，为我国西部经济可持续发展政策的制定提供了科学依据。

以下收集了中外专家有关天山冰川站的评述材料，尤其是 2011 年庆贺天山冰川站成立 50 周年会议上专家领导的讲话，都是很好的评述与鼓励。

3.2 国际影响和评述

3.2.1 Atsumu Ohmura教授书评

Atsumu Ohmura 博士，瑞士苏黎世联邦理工学院大气与气象科学研究所（Institution for Atmosphere and Climate Sciences，ETH Zürich）教授，世界知名冰川学家，长期从事冰川表面能量研究工作，国际冰川学会（International Glaciological Society）前任主席。在《地球科学杂志》2011 年的"中国西北冰川站的科学和监测"专刊的 *Journal of Earth Science* (Special Issue on Sciences and Monitoring in Northwestern China. 2011，22（4））前言中有如下评述：

"1号冰川是世界冰川监测服务处（WGMS）选定的十条参照冰川之一，由于地处亚洲中部这一特殊地理位置，被认为是网络中的一个关键单元。这一长期监测的大陆型冰川，在全球冰川监测网络中具有不可替代的作用，因为其他具有类似长期监测的冰川多为海洋型冰川，或是处在气候过渡带的冰川"。

"天山冰川站在亚洲中部的气候、水文、冰川研究中扮演着重要角色，有很高知名度，为国际科学界高度认可。作为一个全年度运行的野外站，其长期观测资料是那些期望通过短期研究获得长期意义的研究项目的基准"。

"天山冰川站通过长期、综合观测得到的研究成果，提高了天山和全球大陆型冰川对气候变化响应过程和机理的认识"（全文见附件1）。

附件1 《地球科学杂志》2011年8月专刊的前言

Journal of Earth Science, Vol. 22, No. 4, p. 421–422, August 2011
Printed in China

ISSN 1674-487X

Foreword

Atsumu Ohmura

Institute for Atmospheric and Climate Science, Swiss Federal Institute of Technology (ETH),
Zurich Universitätstrasse 16 8092, Switzerland

China has 46 377 glaciers with a total area of 59 425 km^2, which accounts for 11%–14.5% of the total area of mountain glaciers in the world. As one of the largest mountain ranges in Central Asia and Northwest China, the Tianshan contains 15 935 glaciers with a total area of 15 416 km^2. These glaciers are a vital source of water for more than 100 million people and for wildlife ecosystems in this vast arid and semi-arid land. Urumqi Glacier No. 1, the best monitored glacier in China, is located at the headwaters of the Urumqi River in eastern Tianshan and is within the core area of Central Asia.

In 1959, Urumqi Glacier No. 1 was selected for a long term monitoring program due to its important location, ease of access and significance to the local water supply. To implement and maintain this program, a permanent glaciological station, the Tianshan Glaciological Station (TGS), was established 3 km northeast of the glacier by the Chinese Academy of Sciences (CAS). Since then, Urumqi Glacier No. 1 has been the subject of extensive studies. Internationally, Urumqi Glacier No. 1 is one of the ten reference glaciers in the World Glacier Monitoring Service (WGMS), and it is considered as a key element of the system because of its special geographical position in arid Central Asia. Long-term monitoring of a continental-type glacier, the Urumqi Glacier No. 1 thereby represents an irreplaceable piece of the global mosaic in that it complements similar long-term monitoring programs covering more maritime-type glaciers and glaciers in transitional climates in polar, temperate and tropical regions.

Over the past 50 years, the Tianshan Glaciological Station has served as a research and training base for domestic and overseas scientists and graduate students. It plays a central role in Central Asian clima-

422   Atsumu Ohmura

tological, hydrological, and glaciological research, and as such it is well known and highly regarded by the international scientific community. As a permanent year-round glacier station among glaciers in Central Asia, it is the benchmark to which other temporary studies can refer in order to put their results in a longer-term context.

Today, the foci of the Tianshan Glaciological Station include: (1) In-situ observations of changes in mass, volume, area and length of four to six glaciers across time in different parts of eastern Tianshan and Altai. These standardized integrative observations have formed the basis for hydrological modeling with respect to the possible effects of atmospheric warming, and provided fundamental information in glaciology. (2) Detailed process studies and numerical modeling. The process study and application of numerical models including energy/mass balance and flow dynamics at various scales have provided essential information with respect to the impact of glacier change on water resources in Central Asia. (3) Remote sensing and regional glacier change. The repetition of detailed glacier inventories in key areas in Tianshan and Altai using aerial photography or satellite imagery enables a large coverage establishing the basis for spatial analysis and modeling of glacier changes. (4) Environmental and paleoclimatic information preserved in snow and ice core in Central Asia.

On 8–12 August, 2011, an international symposium on Science and Monitoring of Glaciers will be held in Xinjiang, China, as a celebration of the 50th Anniversary of Tianshan Glaciological Station. This event also serves as a meeting place for scientists working with mountain glaciers and glaciers in arid regions, and as a platform for co-operation and communication. As a contribution to this important event, papers from current research projects of the Tianshan Glaciological Station are collected and contributed to Journal of Earth Science. We appreciate the editorial committee for approving our proposal on publishing a special issue, in which twelve papers are included.

The studies in the papers, covering many aspects of the research foci of the Tianshan Glaciological Station, include the mechanisms and simulation of glacier recession based on in-situ observation and process study; spatial glacier variations in Central Asia and northwestern China using remote sensing and site-observation methods; environmental information recovered from snowpack and ice cores in Tianshan and Altai; and the effects of depositional processes and meltwater-related post-depositional processes on ice core records based on long-term observations on Urumqi Glacier No. 1, etc..

At present, worldwide examination of glacier change is based on detailed observations from only a small number of glaciers. The results achieved by the Tianshan Glaciological Station through long-term integrative multi-level monitoring, are likely to provide critical insight in processes and mechanisms of glacier recession in response to climate change not only witnessed in eastern Tianshan, but also for the continental-type glaciers throughout the world. The spatial investigations of glacier changes in mass, area and length form an essential basis for the evaluation of the impact of glacier shrinkage on water resources in the interior drainage rivers in Central Asia and northwestern China. The information resulting from snow chemistry and ice core records reveals not only spatial variabilities in dust and anthropogenic aerosols, but also the effects of those elements on glacier melting in Central Asia, where the Asian dust-storms begin. The editors hope that the publication of this special issue will provide a prototype that will promote research on other glaciers in China and around the world. Finally, the financial supports from the National Natural Science Foundation of China (Nos. 40631001, 91025012) are greatly appreciated.

3.2.2 ICE 杂志（冰杂志）评述

ICE 是由国际冰川学会（International Glaciological Society）主办的专业新闻性期刊，旨在介绍世界各国冰雪研究领域最新进展和重大事件，具有广泛影响力，每年三期，由英国剑桥出版社出版发行。在 2011 年 157 期文章中（见附件 2）有如下评述（见 9 页第 1 段）：

"1 号冰川是世界上仅有的少数几条具有连续 50 年物质平衡观测资料的冰川之一。针对 1 号冰川及其作用区的研究发现，以一种源源不断的方式，为冰川物理学，冰川区气象、水文和地貌研究领域做出贡献，并提高对天山地区生态环境及冰川演变的认识。如今，天山冰川站是一个国际合作平台，是一个中国和其他国家基于野外站这一模式进行观测研究的典范"（a model of station-based monitoring efforts in China and other countries）。

附件 2　中国科学院天山冰川站成立 50 周年庆典暨"冰川定位观测研究国际学术研讨会"的报告

❄ Meetings of other societies

50th Anniversary of Tien Shan Glaciological Station and Symposium on Science and Monitoring of Glaciers, 8–12 August 2011

This anniversary meeting took place in Xinjiang Province in Northwest China and began fittingly in its capital, Ürümqi, at the foot of the Tien Shan. When the late Shi Yafeng led the first glaciological expeditions to the source area of the Ürümqi River in the 1950s, it was with tremendous foresight that he and his colleagues decided to set up a station there for long-term glacier monitoring. Tien Shan Glaciological Station, established in 1959, has been a focal point of Chinese glaciological research since its beginning. An hour's walk from its upper station (3545 m a.s.l.) is Ürümqi Glacier No. 1, one of very few glaciers in the world with continuous mass-balance record over five decades. Research findings from this glacier and its environment have contributed in a sustained way to the fields of glacier physics, meteorology, hydrology and geomorphology, and to our knowledge of the ecosystems and glacial history of the Tien Shan. Today, the station continues to serve as a platform for international collaboration and a model for station-based monitoring efforts in China and other countries.

170 scholars from China and abroad attended the meeting, which opened on the Monday with the 'Symposium on Science and Monitoring of Glaciers'. Welcome addresses were first delivered to us that morning by our hosts, including Wang Tao, the Director of the Cold and Arid Regions Environmental and Engineering Research Institute (CAREERI) in Lanzhou, and numerous academicians of the Chinese Academy of Sciences and government representatives from Xinjiang. All enthused about the triumph of Tien Shan Glaciological Station: its maintenance and success through a half-century is no mean feat and they stressed its value in offering long-term data for studying the impact of changing climate on glaciers and glacial water resources, the latter important for Xinjiang's environment and economy. Keynote talks followed and continued into the afternoon. Qin Dahe reported the latest progress of the IPCC, with its Fifth Assessment Report, setting the scene of our warming world. Atsumu Ohmura reminded us why we monitor glaciers and praised the uniqueness of the Station in providing combined glaciological, meteorological and hydrological observations.

Fig. 1. The IGS Secretary General sampling Uyghur cuisine in Ürümqi on the day of arrival for the meeting, in training for more mutton-eating to follow that week.

Wilfried Haeberli described the global network of climate and glacier observations and placed Ürümqi Glacier No. 1 in the context of long-term negative mass-balance trends. It was from him that I learned that we may soon need to recruit other glaciers for mass-balance monitoring to replace the shrinking and likely-to-vanish Glacier No. 1. Konrad Steffen then reviewed the latest figures of cryospheric contribution to sea-level rise. In the talk that followed, Roger Braithwaite praised the contrib-utions of Chinese glaciologists working in the Tien Shan and Himalaya, notably their recognition of glaciers that are distinctly continental in character.

The afternoon session began with Magnús Magnússon's talk about the IGS and its Journal and Annals. The next keynotes, many involving glaciers of the Tien Shan, treated subjects no less diverse than the morning's. Hilmar Gudmundsson taught us the art of approximations in glacier-flow modelling. Jon Harbor recounted research on U-shaped valley formation and how recent papers on the subject using data from the Tien Shan had stimulated his collaboration with Chinese scientists. Steve Wells showed us the complexity of deciphering the palaeo-hydrology of mountain ranges, and Kumud Acharya reported melt-modelling results for the glacierized basin feeding Nam Co Lake in Tibet. Arjen Stroeven introduced

16

续

Fig. 2. The symposium banquet, where participants studied the mass balance of baijiu (bottles at lower left). l to r: Magnús Magnússon, Li Zhongqin, Qin Dahe, Ross Edwards, Roger Braithwaite, Yao Tandong, Atsumu Ohmura, Jo Jacka, Xiao Cunde.

Fig. 3. On the road beside Ürümqi River between the lower and upper stations.

us to the studies at Tarfala Research Station in Sweden, which mirror the work at Tien Shan Glaciological Station. Ross Edwards described the impact of black carbon on snow-melt on Tien Shan glaciers, and Nozomu Takeuchi followed this by giving us a tour of the micro-organisms living on Ürümqi Glacier No. 1. Finally, Felix Ng reported mathematical theories for the jökulhlaup phenomenon and for the problem of glacier-thickness estimation, motivated by data from the Tien Shan.

Chinese banquets are often amply lubricated by 'baijiu' (Chinese white liquor), and our banquet that evening lived up to this tradition. Qin Dahe opened it with a speech that echoed the sentiments of the morning's addresses: the spirit of Tien Shan glaciological research. Fantastic dishes were then served, but before long they were devoured and many of us were in motion around the room, mingling with old and new friends and toasting each other. Much baijiu was drunk and the celebrations continued till midnight.

A trip to Tien Shan Glaciological Station and Ürümqi Glacier No. 1 was planned for Tuesday. The morning rain saw our 17 minibuses and a similar number of 4WDs cruising the highways across Ürümqi and out to the mountains. At the lower station (2130 m a.s.l.), we were treated to a talk by Li Zhongqin (Director of the Tien Shan Glaciological Station) summarizing the research being done there and to several specialized talks by his colleagues. The weather cleared in the afternoon as we snaked our way up the river and caught our first glimpse of Ürümqi Glacier No. 1. Soon, the glacier foreground and the way leading up to it were littered with our meeting's participants. This glacier famously split into two

branches back in 1993 during its retreat. 'Yes, the snout has gone back since the last time I was here', confirmed someone in one of the crowds that I joined at the snout of the western branch. Nearby, others veterans reminisced about the tunnel dug there in the 1980s (now long gone) for studying basal processes or examined cryoconite sediment on the ice surface. After hearing the presentations of the last two days, our curiosity about the fate of

Figs. 4 and 5. Presentation at Tien Shan Glaciological Station by its Director, Li Zhongqin (photo by Hui Chen)...

... and his attentive audience.

17

Fig. 6. Ürümqi Glacier No. 1 from a distance (white splotch just right of centre in the photograph).

Fig. 8. Magnús Magnússon (left) with Felix Ng and his wife Connie at the snout of Ürümqi Glacier No. 1.

this glacier grew all the more intense as we now stood before it.

The nature reserve of Kanas ('Kanasi' in Chinese) in the Altai Mountains, at the northern tip of Xinjiang, was our destination for the remaining 3 days of the meeting. A 15-hour bus ride took us there on Wednesday. It skirted the Junggar Desert, past the oil fields of Karamay and through steppes inhabited by Mongols. As we drove on into dusk, camel herds by the roadside attracted us and our cameras. After passing the town of Buerjin, whose architecture showed distinct Russian influence, we entered dark mountains on pine-forested roads. The journey reminded us how geographically and culturally diverse is the Silk Road.

Kanas is also the name of a 24 km long glacial lake in the region; our group was based near the visitor centre at its southern end. The meeting on Thursday began with the unveiling ceremony of the newly-built Altai Station for Glacier, Snow and Environmental Research, located a couple of kilometres north of the centre. Following this was a scientific forum held at the centre itself, where

we heard presentations by several speakers – Cui Zhijiu on the Quaternary glacial history of the Kanas region, Jo Jacka on ice-core physics, Shen Yongping on long-term hydrological changes in the Altai, and Stephan Imbery on glacier–permafrost interactions. This forum and the earlier ceremony opened our eyes to the research opportunities in the Altai, so we were eager to go out and explore in the afternoon. Energetic parties hiked up to mountain tops, explored the lakeshore or visited the nearby Kazak villages (some to seek out the famous eagle), many returning sunburnt to share their adventure with others over Wusu beer in the evening.

Sunshine and blue skies prevailed again on Friday, the final day of the meeting and a day of organized excursions. These included a morning hike up the popular trail to the Fishview Pagoda overlooking Kanas Lake and a boat trip part-way up the lake in the afternoon. Although we could not reach the glaciers at the heart of the Altai on this visit, the beautiful experience will no doubt induce some of us to return.

Fig. 7. Hilmar Gudmundsson, Nozomu Takeuchi and the eastern branch of Ürümqi Glacier No. 1.

Fig. 9. The serene Kanas Lake from Guan Yu Ting ('Fishview Pagoda') in the Altai Mountains.

18

续

Fig. 10. Li Zhongqin (left) addressing the Guests of Honour and the audience at the opening ceremony of the Altai Station for Glacier, Snow and Environmental Research at Kanas on 11 August.

Fig. 11. The scientific forum in Kanas on 11 August. l to r: Li Zhongqin, Ma Wei, Liu Zhongkun, Wang Tao, Cheng Guodong, Kang Jian, An Lizhe, Wang Qingyi, Zhang Xiaojun (photo by Hui Chen).

This anniversary meeting was truly a week of celebrations. It rekindled many existing collaborations and seeded new ones. We were looked after extremely well and had the immense pleasure of joining our Chinese colleagues to celebrate their achievements and marvel at the glaciological wonders of China's northwest. For their hospitality and organization, sincere thanks are extended to our hosts at the State Key Laboratory of Cryospheric Sciences of CAREERI, the Tien Shan Glaciological Station, the Chinese Academy of Sciences and Kanas Nature Reserve.

Felix Ng

19

3.2.3　Mark F. Meier教授评论

　　Mark F. Meier 博士，美国科罗拉多大学地质科学系（University of Colorado at Boulder）教授，著名冰川学家，国际雪冰委员会（ICSI）和国际水文科学协会（IAHS）前任主席。对天山冰川站有如下评述：摘自 2006 年世界冰川监测服务处（WGMS）的文件，译文："在世界冰川监测项目中，乌鲁木齐河源 1 号冰川是中国惟一的，常规性地观测各种重要冰川变量，并得到长序列、高质量数据的冰川，因此，从这条冰川获取的资料十分重要，也对全球冰川监测至关重要。据我所知，我们许多来自世界不同地区的人都在使用这些数据模拟分析冰川对气候变化的响应及其对径流和海平面上升的影响。除了作为观测基本站站点的重要性外，天山冰川站和 1 号冰川亦是许多重要基础研究开展的基础，包括冷型冰川（大陆型冰川）滑动，冰川物质平衡分布与归因，冰川各种特征及成冰作用，以及高山区气象、水文、冻土、制图等，其中许多成果已被国际科学界高度认可"。（"In regard to the World Glacier Monitoring Program，the Urumqi Glacier No. 1 is the only glacier in all of China which is regularly measured for the significant glaciological variables，has a high-quality data set，and a long record. The data obtained from this glacier are，therefore，of great importance. Thus，it is a critical site for global monitoring. I know that many of us around the world have used data from the glacier in modeling and analyzing the response of glaciers to climate change，the influence of these changes on runoff，and on global sea-level rise. In addition to this absolutely critical importance as a prime monitoring site，the station and Urumqi Glacier No. 1 have been used for many important pure research projects，such as the sliding of a cold glacier，the pattern and causes of mass balance distributions，the properties of glacier and other forms of ice，and a host of high-mountain studies including weather，runoff，permafrost，and mapping，and as such many of them are highly regarded by the international scientific community"（WGMS Document，2006））。

3.2.4 数据在国际刊物公布

1号冰川详细观测研究资料被定期刊登在由国际科学联合理事会（ICSU）、国际大地测量学与地球物理学联合会（IUGG）、联合国环境规划署（UNEP）、联合国教科文组织（UNESCO）和世界气象组织（WMO）联合出版的 *Glacier Mass Balance Bulletin* 和 *Fluctuations of Glaciers* 等国际期刊上。图3.1为1号冰川荣登 *Glacier Mass Balance Bulletin* 第9期封面。

图3.1 刊登天山冰川1号照片的《冰川物质平衡通报》封面

3.2.5 1号冰川资料被用以建立全球标准物质平衡曲线

2007 年，WGMS 在世界范围内选择了观测质量最高的 30 条代表性冰川（2011 年增加到 37 条冰川）资料，建立了 1980 年以来全球冰川物质平衡标准曲线，以反映全球尺度冰川对气候变化的响应情况，1 号冰川被列其中（附件 3）。这一结果为国内外各种学术论文、书籍和报告所引用，产生了很大反响。

附件 3 《冰川物质平衡通报》2011 年刊登的"天山冰川 1 号"被选列为观测质量最高的 30 条代表性冰川之一

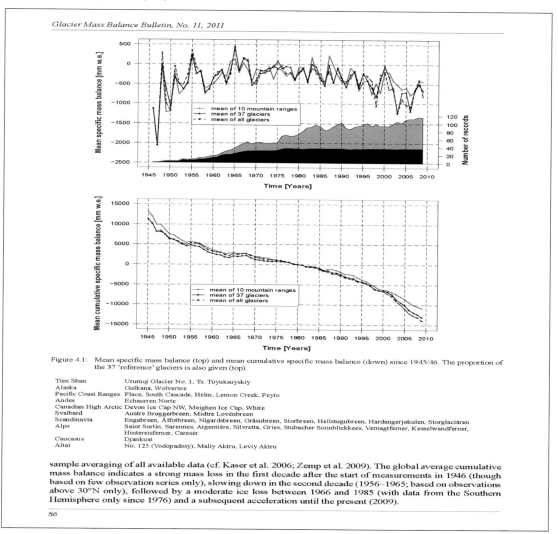

Glacier Mass Balance Bulletin, No. 11, 2011

Figure 4.1: Mean specific mass balance (top) and mean cumulative specific mass balance (down) since 1945/46. The proportion of the 37 'reference' glaciers is also given (top).

Tien Shan	Urumqi Glacier No. 1, Ts. Tuyuksuyskiy
Alaska	Gulkana, Wolverine
Pacific Coast Ranges	Place, South Cascade, Helm, Lemon Creek, Peyto
Andes	Echaurren Norte
Canadian High Arctic	Devon Ice Cap NW, Meighen Ice Cap, White
Svalbard	Austre Brøggerbreen, Midtre Lovénbreen
Scandinavia	Engabreen, Ålfotbreen, Nigardsbreen, Gråsubreen, Storbreen, Hellstugubreen, Hardangerjøkulen, Storglaciären
Alps	Saint Sorlin, Sarennes, Argentière, Silvretta, Gries, Stubacher Sonnblickkees, Vernagtferner, Kesselwandferner, Hintereisferner, Careser
Caucasus	Djankuat
Altai	No. 125 (Vodopadniy), Maliy Aktru, Leviy Aktru

sample averaging of all available data (cf. Kaser et al. 2006; Zemp et al. 2009). The global average cumulative mass balance indicates a strong mass loss in the first decade after the start of measurements in 1946 (though based on few observation series only), slowing down in the second decade (1956–1965; based on observations above 30°N only), followed by a moderate ice loss between 1966 and 1985 (with data from the Southern Hemisphere only since 1976) and a subsequent acceleration until the present (2009).

86

3.2.6 观测资料被国际知名数据库收录

天山冰川站观测资料被国际众多数据报告和资料库所收录并定期更新，包括 UNEP 数据库 Geo Data Portal，以及 WDC-D 和 GCOS 等数据库。下图是在 UNEP 数据库 Geo Data Portal 显示的 1 号冰川物质平衡资料（附件 4）。

附件 4 联合国环境署"地球数据库"（Geo Data Portal）所收录的天山冰川 1 号的数据

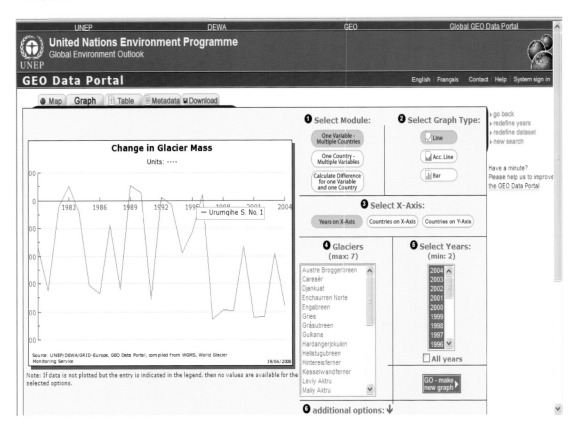

3.2.7 AGU和EGU会议特邀报告

天山冰川站历时 8 年，观测查明了 1 号冰川大气 - 粒雪 - 冰川冰演化完整过程，吸引了美国、澳大利亚、瑞士、德国和日本科学家的参与合作，共同发表高水平学术论文，产生了很大影响。2010 年天山冰川站代表被邀请在美国地球物理学会（AGU）"冰冻圈分会"作特邀报告（见附件 5a）。

2012 年，WGMS 主任、欧洲地球科学联合会（EGU）大会"地面和遥感冰川监测分会"召集人 Michael Zemp 博士，邀请李忠勤研究员就中国冰川变化观测研究进展问题作相关报告（见附件 5b）。

2015 年，国际大地测量与地球物理联合会（IUGG）大会"冰川定位及遥感监测分会"，Michael Zemp 博士邀请李慧林博士就中国冰川定位观测进展作相关报告（见附件 5c）。

附件 5a 2010 美国地球物理学会（AGU）邀请李忠勤研究员作特邀报告的函件

Subject: Invited presentation at AGU session C04

Dear Zhongqin Li,

The AGU Fall Meeting will be in San Francisco from December 15-19. There we (M. Flanner, J. McConnell, J. Ming, T. Painter, and myself) are convening Cryosphere Session C04:
Snow and Ice Impurities as Climate Forcing Agents and Records
http://www.agu.org/meetings/fm08/?content=search&show=detail&sessid=70
co-sponsored with Atmospheric Sciences, GEC, and Hydrology (the full session description follows this message).

We are pleased to ask you to give an invited presentation. Invited Authors such as yourself are distinguished researchers who will present important research that helps generate and maintain a lively discussion atmosphere. Your presentation will ensure that advances in your specialty receive wide recognition at this important conference. We need your acceptance by August 18 to register you as "Invited". The abstract deadline for all attendees is September 10.

Please contact any of us if you have questions.

Best regards from all of us,
Charlie Zender <zender@uci.edu>, University of California, Irvine
Mark Flanner <mflanner@ncar.ucar.edu>, National Center for Atmospheric Research
Joe McConnell <Joe.McConnell@dri.edu>, Desert Research Institute
Ming Jing <mingjing@mail.iggcas.ac.cn>, Chinese Academy of Sciences
Tom Painter <painter@geog.utah.edu>, University of Utah

附件 5b　2012 年欧洲地球科学联合会（EGU）邀请李忠勤研究员作特邀报告的函件

University of Zurich UZH

ICSU (WDS)
IUGG (IACS)
UNEP
UNESCO
WMO

wgms
World Glacier Monitoring Service

Department of Geography
University of Zurich
Winterthurerstrasse 190
SWITZERLAND - 8057 Zurich

www.wgms.ch

LI Zhongqin
Tianshan Glaciological Station /
Cold and Arid Regions Environment and
Engineering Research Institute
(CAREERI)
Chinese Academy of Sciences (CAS)
260 West Donggang Road
P. R. CHINA - 730 000 Lanzhou, Gansu

Michael Zemp
Director WGMS, Dr. sc. nat.

Phone: +41 44 635 51 39
email: michael.zemp@geo.uzh.ch

Zurich, 4 JAN 2012

Invitation to the European Geosciences Union (EGU) General Assembly 2012

To whom it may concern,

As Director of the World Glacier Monitoring Service (WGMS) and Convener of a session on *Glacier Monitoring from In-situ and Remotely Sensed Observations* at the EGU 2012, I would highly appreciate the attendance of Pro.Dr. Li Zhongqin -in his role as WGMS National Correspondent for China-at the EGU General Assembly in Vienna, Austria, from 22-27 April 2012. His presentation on observed changes in glaciers in China would be highly welcome and a great enrichment of the conference.

I hence fully support a corresponding visa application for his attendance at this scientific conference of international importance.

Sincerely

Michael Zemp

Director WGMS

Page 1/1

附件 5c　2015 年国际大地测量与地球物理联合会（IUGG）邀请李慧林博士与会作相关报告的函件

University of Zurich UZH

ICSU (WDS)
IUGG (IACS)
UNEP
UNESCO
WMO

wgms
World Glacier Monitoring Service

Department of Geography
University of Zurich
Winterthurerstrasse 190
SWITZERLAND - 8057 Zurich

www.wgms.ch

Huilin Li
Cold and Arid Regions Environmental and Engineering
Research Institute (CAREERI)
Chinese Academy of Sciences (CAS)
260 West Donggang Road
P. R. CHINA – 730 018 Lanzhou, Gansu

Michael Zemp
Director WGMS, PD Dr. sc. nat.

Phone: +41 44 635 51 39
email: michael.zemp@geo.uzh.ch

Zurich, 18 February 2015

Invitation letter for solicited talk at IUGG General Assembly 2015

To whom it may concern

The 26th General Assembly of the International Union of Geodesy and Geophysics (IUGG) will be held in Prague, Czech Republic, from June 22 to July 2, 2015: http://www.iugg2015prague.com/iacs-symposia.htm

As convener it is my pleasure to invite **Huilin LI** from the Cold and Arid Regions Environmental and Engineering Research Institute (CAREERI), Chinese Academy of Sciences (CAS), for a solicited talk in the session "Glacier Monitoring from In-Situ and Remotely Sensed Observations".

Her personal participation at this meeting as solicited speaker and as co-chair of the working group on *glacier ice thickness estimates* of the International Association of Cryospheric Sciences is highly recommended.

I hence fully support a corresponding visa application for her attendance of this scientific conference of great international importance and I am looking forward to welcoming Huilin LI in Prague.

Yours sincerely

Michael Zemp
Director WGMS

Page 1/1

3.2.8 Atsumu Ohmura教授评述

2011年8月，天山冰川站50周年庆典活动期间，召开了"冰川科学和观测国际学术研讨会"（International Symposium on Science and Monitoring of Glaciers），许多与会专家对天山冰川站的观测研究工作进行评述。以下评述资料均根据专家学者报告（PPT）和即席讲话内容整理而成。

Atsumu Ohmura 为苏黎世联邦理工学院大气与气象科学研究所（Institution for Atmosphere and Climate Sciences，ETH Zürich）教授，著名冰川学家，国际冰川学会（International Glaciological Society）前任主席。研究方向：冰川物质平衡及其模拟研究。

Atsumu Ohmura 教授作了题为"全球冰川物质平衡及乌鲁木齐河源1号冰川在其中重要地位"的报告（见附件6a），从能量平衡角度分析了全球冰川物质平衡变化及其归因，阐述了1号冰川资料反映的气候变化信息。他说：

"世界上有200 000条冰川，但是仅有70-80条冰川进行了物质平衡的监测研究，这远远不够。冰川能够指示气候、水文等要素的变化信息，因此对冰川的监测非常重要。目前，世界各地都已开展了冰川监测工作，包括格陵兰冰盖、阿尔卑斯山脉、喜马拉雅山脉等地区，其中乌鲁木齐河源1号冰川的监测尤为重要，因为它在整个中亚地区具有很好的代表性。我很熟悉这条冰川的数据和观测过程，感谢天山冰川站50年来向世界提供的宝贵冰川监测信息"（见附件6a，6b）。

附件6a　Atsumu Ohmura 教授"全球冰川物质平衡及乌鲁木齐河源 1 号冰川在其中的重要地位"报告首页

Science and Monitoring of Glaciers, April 8th 2011

Global mass balance of mountain glaciers and ice caps and the significance of Urumqi Glacier No.1

Atsumu Ohmura

Institute for Atmospheric and Climate Research

Swiss Federal Institute of Technology (E.T.H.)

Zurich, Switzerland

ohmura@env.ethz.ch

附件6b　全球只有少数几条冰川拥有 50 年以上观测资料，1 号冰川是其中之一

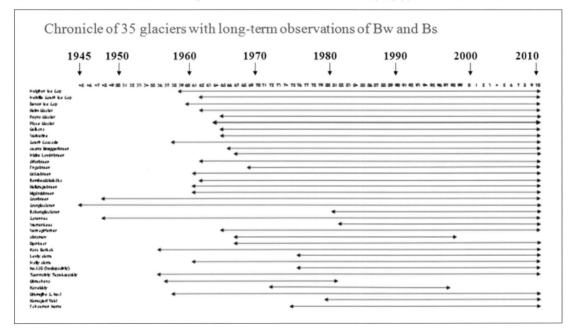

3.2.9 Wilfried Haeberli教授评述

苏黎世大学地理系（Department of Geography，University of Zurich）教授，著名冰川学家；国际冰川监测服务处（WGMS）前主任；国际冻土协会（International Permafrost Association）前主席。研究方向：全球冰川监测，冰川变化预测，厚度计算。

　　Wilfried Haeberli 教授作了题为"乌源 1 号冰川，世界冰川监测服务处和联合国相关全球气候观测"的报告。报告回顾了他早期在 1 号冰川工作的经历，阐述了天山冰川站研究成果对世界冰川监测的贡献 (见附件 7a—7f)。

附件 7a　Wilfried Haeberli 教授报告首页。背景图为他 1983 年在天山冰川观测试验站拍摄的照片

附件 7b　1983 年天山冰川观测试验站工作人员合影；左上为天山冰川站工作人员在 1 号冰川末端考察；右下为天山冰川站创始人施雅风院士

附件 7c　1 号冰川观测资料由国际期刊 *Glacier Mass Balance Bulletin* 和 *Fluctuations of Glaciers* 定期公布

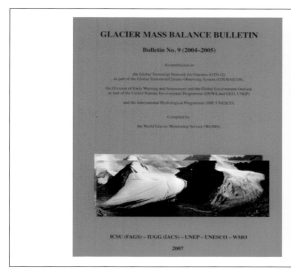
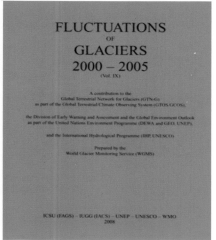

附件 7d 1号冰川物质平衡数据在 WGMS 出版物中的收录形式。左：物质平衡等值线图；右上：物质平衡随海拔分布数据；右下：平衡线海拔与年净平衡关系图

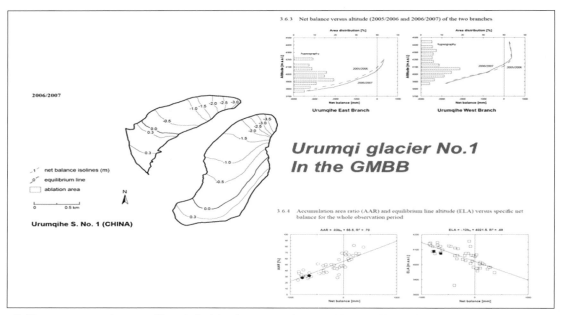

附件 7e 1号冰川因其观测时间长且观测项目详尽，作为中国唯一一条代表性冰川为 WGMS 所收录

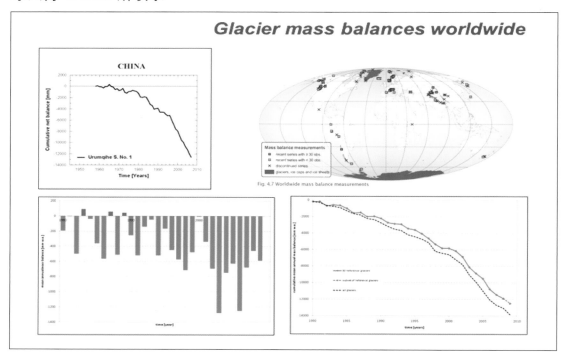

附件 7f　2010 年，天山冰川站李忠勤研究员作为中国代表出席 WGMS 全球联络员会议，提出了中亚地区冰川观测研究方案

Thanks to our chinese friends, to all our colleagues worldwide and to the international organisations, for continued excellent collaboration

WGMS General Assembly of National Correspondents 2010

3.2.10　Konrad Steffen教授评述

科罗拉多大学环境科学联合研究所（Cooperative Institute for Research in Environmental Sciences，University of Colorado at Boulder）教授，所长；著名冰冻圈与气候学家；国际气候与冰冻圈（CliC）主席。研究方向：大气与冰冻圈相互作用过程，冰

川（盖）变化对海平面变化的贡献。

"我1985年就来乌鲁木齐河源1号冰川考察，熟悉这条冰川，一直关注这条冰川的变化。今天再次亲眼看到，感觉冰川的变化比我想象中略微缓慢，积累区仍然清晰，较为健康（healthy），就那些广泛分布的小型大陆型冰川而言，1号冰川具有很好代表性"。

3.2.11 Hilmar Gudmundsson教授评述

英国南极局（British Antarctic Survey）研究员。著名冰川学家；欧洲地球科学联合会冰冻圈科学部（Division on Cryospheric Sciences for EGU）主席。研究方向：两极冰盖及山岳冰川变化模拟研究；冰川变化理论研究。

"这是我第一次见到乌鲁木齐河源1号冰川，也是第一次来到中国。之前在很多会议上听到过有关这条冰川的工作，这次能亲眼目睹，很荣幸也很高兴！乌源1号冰川有长达50余年的观测历史，观测资料系统详尽，另外这条冰川有很典型的大陆性特征与夏季积累特征，很适合作为实验冰川进行各种精度及各种复杂程度的冰川模型实验研究。天山冰川站的科学家已经在物质平衡及动力学模拟方面有很好的成果，与我所正在进行的项目有相似或交叠之处，希望我们已经建立的合作能长期开展下去"。

3.2.12　Roger Braithwaite博士评述

英国曼彻斯特大学（Manchester University）荣誉高级研究员；著名冰川学家。研究方向：极地及山岳冰川与大气、海洋相互作用；物质平衡模拟。

Roger Braithwaite博士作了题为"天山冰川研究：有益于科学有益于水资源管理"的学术报告，讲述了他所了解的中国冰川学历程和天山冰川站对中国和世界冰川学的贡献。他说"我来过天山冰川站及1号冰川若干次，每一次都是非常愉快的经历。1号冰川在天山地区很有代表性，对气候变化非常敏感。对冰川学家来说这是好事，因为只有研究迅速变化的冰川才能获得有趣而重要的科学结论。天山冰川站有一批非常有活力并且聪明刻苦的年轻研究人员，他们让我看到了中国冰川学的未来"（见附件8a—8f）。

附件 8a　报告"天山冰川研究：有益于科学有益于水资源管理"首页

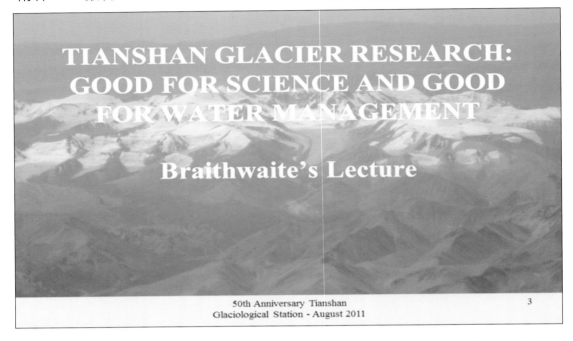

附件 8b　报告回忆照片：1978 年世界冰川编目会议期间，施雅风院士、李吉均院士与众多国外学者合影

附件 8c 报告回忆照片：1978 年，施雅风院士、李吉均院士及谢自楚研究员在瑞士

附件 8d 1 号冰川为世界冰川监测网络中一员；天山冰川站为世界冰川学研究提供长期冰川过程数据；冰川退缩使其一条分裂为两条

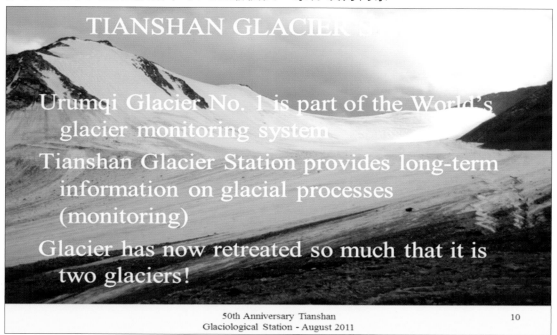

附件8e　与中亚另一条具有长期观测资料的 Tsent. Tuyuksu 冰川（哈萨克斯坦）相比，1 号冰川更具大陆性特征，更能代表亚洲中部干旱～半干旱地区的冰川

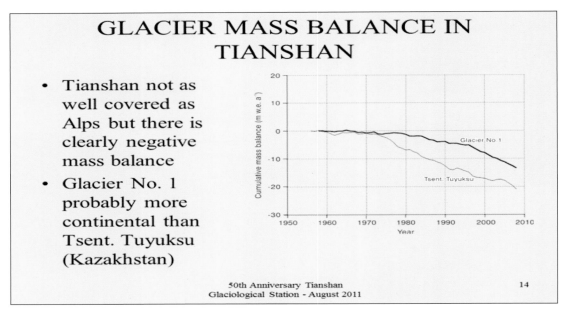

附件8f　IPCC 通过参照性冰川（的变化数据）来评估全球海平面变化，而 1 号冰川被选为全球 30 条参照冰川之一

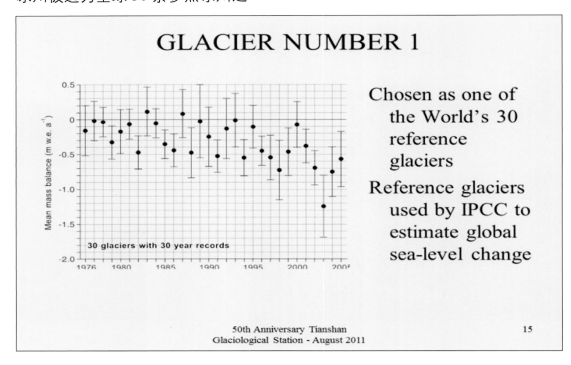

3.2.13 Jonathan Harbor教授评述

Jonathan Harbor 为普渡大学地球与大气科学系（Department of Earth & Atmospheric Sciences，Purdue University）教授，主任。

研究方向：冰川地貌

Jonathan Harbor 教授带领其研究团队长期在乌鲁木齐河源区开展第四纪冰川、冰缘地貌方面的研究。作了题为"经典山地地貌起因认识：为何冰川作用造成 U 形山谷剖面？"的报告。详细介绍了他与天山冰川站合作开展的工作以及天山冰川站对该研究领域的贡献。

附件 9a Jonathan Harbor 教授报告"经典山地地貌起因认识：为何冰川作用造成 U 形山谷剖面？"首页

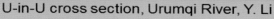

附件 9b 天山冰川站在过去 50 年当中对众多研究领域卓有贡献

Tienshan Glaciological Station, supporting contributions in many areas of study for 50 years:

- Glaciology
- Snow Science
- Climatology and Climate Change
- Water Resources
- Ecology
- Environment
- **Geomorphology**
- Quaternary geology

附件 9c 国际上关键的几篇以 U 型山谷横剖面为研究对象的文章均与中国人在天山的研究有关，是 Harbor 教授开展中美合作的起因

Some key Chinese papers for U-shaped valley research

In English:

- **Yingkui Li, Gengnian Liu and Zhijiu Cui, 2001**, Glacial valley cross-profile morphology, Tian Shan Mountains, China. *Geomorphology*.
- **Yingkui Li, Gengnian Liu and Zhijiu Cui, 2001** Longitudinal variations in cross-section morphology along a glacial valley: a case study from the Tien Shan, China. *Journal of Glaciology*

These papers are the reason I now do collaborative research in China!

附件 9d　天山冰川站在冰川地貌学及冰川地貌模拟研究中扮演着重要的角色

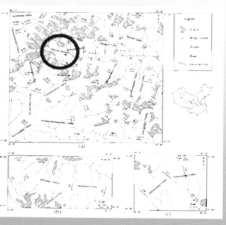

3.2.14　Magnús Már Magnússon博士评述

Magnús Már Magnússon 为国际冰川学会（IGS）秘书长。

Magnús Már Magnússon 博士作了题为"中国科学家对国际冰川学会著作的贡献"的报告，指出在 IGS 两大专业杂志 *Journal of Glaciology* 和 *Annals of Glaciology* 上发表的以乌鲁木齐河源 1 号冰川和天山冰川为关键词的文章达 70 余篇，在国际冰川学研究中十分突出。

附件 10a　报告"中国科学家对国际冰川学会著作的贡献"首页

附件 10b　冰川学主流杂志 *Journal of Glaciology* 和 *Annals of Glaciology* 发表的与"乌鲁木齐"或"天山"相关的文章共有 70 余篇

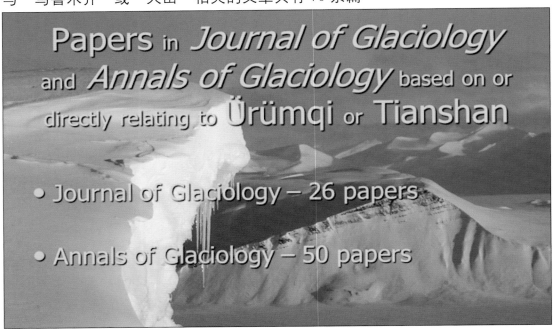

3.2.15　Steve Wells博士评述

Steve Wells 博士为美国沙漠研究所（Desert Research Institute）所长，地质学家。

"美国沙漠研究所（DRI）与寒旱所有很大相似性，两所之间有很多合作。天山冰川站李忠勤教授与我所 Ross Edwards 博士和 Judith Chow 教授进行着冰川和气溶胶研究方面的长期合作。这次来我进一步体会到这样的合作对双方都有很大益处，我将继续推进这种合作。"

3.2.16　Tim Hamilton Jacka博士评述

Tim Hamilton Jacka 为《冰川学杂志》（*Journal of Glaciology*）主编，冰川学家。

"天山冰川站很有名，冰川学家都知道中国的这个冰川站及其令人称赞的观测研究工作。天山冰川站 50 年站庆举办得非常成功。世界知名冰川学家汇聚一堂，虽然时间长、内容丰富、参与人数有二百众之多，但整个活动过程井然有序，安排得当，组织人员表现出令人佩服的沉着与果断。在从乌鲁木齐到天山冰川站再到喀纳斯的三天中，我们有幸听到了很多水平相当高的学术报告，其中包括天山冰川站中青年科学家的科研成果,令人振奋。总体来说,虽然从澳洲来中国路途遥遥，颇有坎坷，但我的感觉是不虚此行！"

3.2.17　Ross Edwards博士评述

Ross Edwards 为美国沙漠研究所 (Desert Research Institute) 副教授。

研究方向：雪冰化学，冰芯记录

Ross Edwards 博士作了题为"1号冰川粉尘、黑碳与消融关系"的报告。他说，"乌鲁木齐河源1号冰川处在亚洲沙尘暴的发源地，为研究这一影响到北半球大气环境的粉尘气溶胶提供了良好场所。2002年以后，我几乎每年都来天山冰川站，从事这方面的合作研究，与天山冰川站同行共同发表文章，并接受天山冰川站青年科学家去我的实验室学习和研究。通过这个合作，我结识了很多中国朋友，我很乐意长期开展这一合作"。

3.2.18　Nozomu Takeuchi博士评述

Nozomu Takeuchi 为日本千叶大学地球科学系 (Department of Earth Sciences, Graduate School of Science, Chiba University, Japan)，教授。

研究方向：雪冰微生物，冰芯记录

Nozomu Takeuchi 博士作了题为"1号冰川表面粉尘特征"的报告。他说"20世纪80年代我读到 Nagoya University 大学 Higuchi 教授写的书，里面详细介绍了乌鲁木齐河源冰川的研究。从那时起，1号冰川在日本就很有名。我从事冰川学研究也与此有关。2005年，我去兰州开 IGS 会议。做完报告之后，李忠勤教授找到我，希望和我进行冰川微生物方面的合作研究。自此之后，我几乎每年都来1号冰川，迄今已合作发表好几篇关于冰川表面有机物与反照率关系方面的文章"。

附件 11a　Nozomu Takeuchi 博士报告"乌源 1 号冰川表面粉尘特征"首页

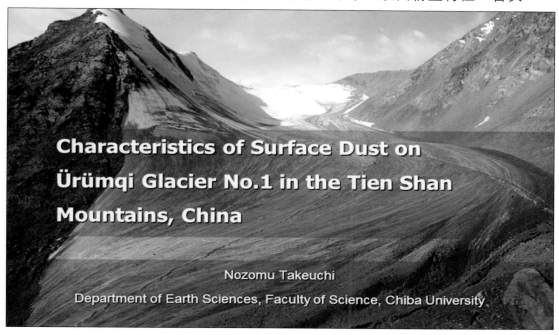

附件 11b　Takeuchi 教授及其学生在天山冰川观测试验站高山站

附件 11c　日本科学家 20 世纪 80 年代拍摄的乌鲁木齐河源 5 号冰川

中国・天山山脈の氷河を見た

写真と文・樋口敬二

名古屋大教授／氷雪物理学／ひぐち・けいじ

天山山脈の海抜4500㍍ほどの山稜にかかる氷河群。

　中国西部には，天山，崑崙，祁連，ニェンチェンタンラ，アルタイ，ラサ南山，チョモランマなどの山域に広く氷河が分布し，その総数は1万7125，総面積は2万2067平方㌔に達する。

　そのために，西部の入り口にあたる蘭州に中国科学院の氷河凍土研究所がある。この研究所は，1958年，中国科学院が組織した山岳地帯の雪氷利用研究班にはじまり，1962年には，中国科学院地理研究所の氷河凍土研究室となった。その当時，実施された天山山脈のウルムチ川1号氷河の調査は，精密かつ総合的なものであり，その報告書（1965年）は，中国最初の氷河研究として，古典的な評価を受けている。

　その後，砂漠研究が加えられた時期もあったが，1978年，現在の氷河凍土研究所となったものである。研究所は，7部門に分かれ，氷河，凍土，泥石流，測量，物質分析，リモート・センシング，測器の各部門がある。

14

附件 11d　日本科学家 20 世纪 80 年代拍摄的中科院寒区旱区环境与工程研究所的前身"冰川冻土研究所"和会议情景，以及赴新疆进行冰川考察沿途景观

15

附件 11e　日本科学家 20 世纪 80 年代拍摄的乌鲁木齐河源 3 号冰川

天山山脈氷河群。典型的な圏谷氷河であり、下半分に消もう域のしま模様が鮮やかである。ウルムチ川 3 号氷河というように、番号でよばれる。

度特性、氷河台帳の作成、氷河変動と気候変化との比較、山岳氷河の融解促進、新しい測器の開発などについて、ある人は英語で、ある人は中国語でくわしく話してくれた。なかでも、測器部の主主任が、「あたらしい測器の開発について」という日本語のプリントを準備しておられたのには、びっくりした。

　これらの発表をきいて、中国の雪氷研究はまだ歴史もあさく、かつ最近の政治事情もあって、その発展はこれからであると感じた。しかし、研究推進への意欲のはげしさと、ぼう大な観測資料の蓄積とから考えると、この研究所から将来生み出される成果は、注目すべきものである。

　特に、この研究所は、部門の構成からわかるとおり、

現地観測から基礎実験や分析に至るまで総合的な体制を持っており、これが軌道に乗れば、新しい成果を生む原動力となると思われる。なかでも、チョモランマ峰、カラコルムのバツラ氷河などの美しい地図を作成するほどの能力を持った測量部門が存在することは、氷河と地形との関係を理解する上に大きな貢献をするものと期待される。

　今回の氷河凍土研究所の訪問と、それにつづく天山山脈のウルムチ川 1 号氷河の視察によって、中国の雪氷研究と氷河とに接することができた。これをきっかけにして、今後、雪氷学の分野において、研究者の交換、調査の協力、観測の整備など、両国間の学術交流を一層促進したいと考えている。　　　　◆

17

附件 11f 日本科学家 20 世纪 80 年代拍摄的乌鲁木齐河源 1 号冰川及乌鲁木齐河源区

しさを増した。

そんな経緯があって，80年8月下旬，私は，中国科学院の招待によって，蘭州の氷河凍土研究所を訪問することができたのである。その時に，施所長から希望があったのは，私たちが1973年以来実施してきたネパール・ヒマラヤの氷河調査の成果について講演することと，もう1つは，研究所の所員がこれから研究を進める上で参考になるように，私がこれまでおこなってきた雪氷研究の経験談を聞かせて欲しいということであった。前の方の講演はあらかじめ準備してきたので，英語でやり，後の方は英語ではこまかい話ができないので，日本語でやり，いずれも中国語に訳してもらった。

後の日本語の話は，蘭州大学の日本語講座を担当している梁教授に通訳していただいたが，日本人を母として少年時代まで日本に生活されただけあって，研究上の失敗，苦心，成功にまつわる私の思い出話をよく訳して下さった。そのためか，聴衆の反応は生き生きとして，大笑いもあったりして，話していて楽しかった。そして，あとで聞くと，所員の間で，これまでこんな話は聞いたことがなかった，といってたいへん好評だったそうである。

こんな私の話に対して，研究所側でも，わざわざプリントまで作って，私に研究所の活動状況を紹介してくれた。施所長の概況報告にはじまり，チベット南部の氷河，なだれ，周氷河現象の特徴，大陸型氷河の温

3.2.19　Felix Ng博士评述

Felix Ng 为英国谢菲尔德大学（Sheffield University，UK）研究员。

研究方向：冰川物理学，冰川模式

Felix Ng 博士作了题为"由天山冰川研究得到某些新理论认识"（Some recent theoretical insights from the study of Tianshan glaciers）的报告。他说"天山冰川站有丰富数据平台，便利的观测条件。过去六年中，我几乎每年都会来冰川站，与在站的科研人员就冰川物质平衡、冰川形态变化模拟等问题进行探讨与合作。过程中我获益良多，比如冰川动力学模型就是天山冰川站教我的，我们一起合作发表文章"。

3.3 国内影响和评述

2011年8月8日，天山冰川站举办了天山冰川观测试验站50周年庆典活动，与会专家在会上发表讲话，对天山冰川站研究工作给予了高度评价。以下发表的是当时出席会议的专家致词，其中丁仲礼副院长的讲话为会议发言稿，其余专家讲话内容是根据会议现场录音整理而成。

3.3.1 中国科学院副院长丁仲礼院士致词

尊敬的各位领导，各位专家：上午好！

今天，中国科学院天山冰川观测试验站成立50周年庆典暨"冰川定位观测研究"国际学术研讨会在乌鲁木齐隆重召开。首先，我代表中国科学院，对会议的召开表示热烈的祝贺！向在天山冰川站从事野外工作的科研和管理人员致以亲切的问候！向长期以来关心、支持天山冰川站及我院野外观测事业的各界朋友表示衷心的感谢！

天山冰川站，是我国从事冰川学观测研究历史最长的国家级野外台站。它的成立和发展，是我国冰川学创建和成长的缩影。50年来，经过几代台站人的不懈努力，由小变大，由弱到强，从零星的流动帐篷观测点，逐渐发展为科学院首批开放站和国家野外台站。如今的天山冰川站，监测的冰川范围已扩展到天山最西端的托木尔峰和最东端的哈尔里克山，跨越1700公里，形成了完整的天山冰川研究网络。一站三部的园区建设初具规模，涉及多学科的观测内容日趋完善。成绩来之不易，广大科研人员不畏高寒缺氧，几十年如一日坚持观测，无私奉献的精神更值得大力弘扬。下面，我谈五点体会：

一、天山冰川站的发展，推动了中国冰川研究从野外考察走向定位观测。50年前，为考察西北地区水文状况，中国科学院成立了由施雅风先生领导的"冰雪利用研究队"，开启了我院探索冰川的征程。根据大量野外考察，参照国际冰川研究的经验，我院决定成立高山冰川定位观测研究站，选址于天山之麓，并确定天山乌鲁木齐河源1号冰川为参照冰川，开展长期、系统的研究。如今，1号冰川已经成为我国观测时间最长、研究最为深入的参照冰川，也是世界上少有的几条观测历史超过50年的冰川之一。

二、天山冰川站的发展，推动了山地冰川科学研究不断深化。半个世纪以来，天山冰川站围绕1号冰川及其作用区，在冰川物理学、冰川对气候变化的响应、雪冰过程与气候环境记录、冰川水文与气象、第四纪冰川与冰缘地貌、冰缘植被与寒区生态等研究领域开展了大量工作。其中在雪冰过程与气候环境记录方面，科研人员历时8年，首次观测到大气—粒雪—冰川冰演化的物理、化学完整过程。在第四纪冰川和冰川地貌学方面，建立了乌鲁木齐河流域较为完整的冰川演化序列，为我们认识冰川与冰冻圈的规律奠定了基础。这些研究成果丰富和完善了具有中低纬度高山冰川特色的中国冰川学理论，也是对全球冰川学的重要补充。

三、天山冰川站的发展，推动了对区域水资源特征的科学认识。新疆地处我国西北内陆和亚洲中部干旱区，水资源是制约社会经济发展的瓶颈问题。冰川融水是新疆重要的水资源，对河川径流起着调节作用。长期以来，天山冰川站以乌鲁木齐河山区流域综合观测试验为基础，揭示了冰川、积雪、高山冻土、山区降水径流的特征，奠定了我国内陆河流域水文、水资源系统研究的基础。同时，通过地面观测和遥感技术，查明了新疆不同地区的冰川变化，预估了冰川变化对未来水文、水资源的影响，为管理决策提供了重要的科学依据。

四、天山冰川站的发展，推动了冰川人才队伍的不断发展壮大。50年来，在天山冰川站学习、工作的国内外科技工作者已达数百人，以天山冰川站为内容完成的硕士、博士论文有90多篇。我国冰川研究的骨干人员，大都在天山冰川站留下奋斗的足迹。如今，天山冰川站又培养、汇聚了一支以年轻人为主的科研团队，坚持开放、联合的办站方针，保持和高校、院内研究所和海洋局极地办等 20 余家单位的合作关系，每年接受 40 人次以上的客座研究和短期访问。老一辈冰川学家艰苦创业，顽强拼搏的精神财富，得以代代相传。

五、天山冰川站的发展，推动了与国际冰川学界的交流。天山冰川站和 1 号冰川在国际冰川学界享有较高的知名度。许多外国专家学者，都是从这里开始了解我国的冰川研究。1 号冰川已经成为世界冰川监测网络，在中亚内陆干旱区的参照冰川，也是世界上重点监测的十大现代冰川之一。观测研究资料定期刊登在国际刊物上，并为联合国环境规划署和地球观测组织的数据库所收录。天山冰川站和世界冰川监测服务处、国际冰川学会和国际冰冻圈相关机构开展的广泛合作，共同推动了冰川事业的发展。

同志们，50 年冰雪历程，50 年不懈攀登，如今天山冰川站又站在新的历史起点上。我希望天山冰川站以中科院实施"创新 2020"战略和"十二五"野外工作规划为契机，继续改善园区条件，夯实科研平台，完善观测体系，出成果，出人才，为冰川事业的发展继续做出应有的贡献。

最后，预祝会议取得圆满成功！

3.3.2 秦大河院士致词

　　尊敬的新疆维吾尔族自治区人民政府副主席靳诺同志，尊敬的中国科学院副院长丁仲礼院士，各位院士，各位来宾，各位专家，同志们女士们：大家早上好！

　　今天我们非常高兴，在这里隆重集会，举行中国科学院天山冰川观测试验站成立 50 周年庆典暨"冰川定位观测研究"国际学术研讨会议。天山冰川站是寒旱所冰冻圈科学国家重点试验室的重要组成部分，这次会议，不仅是天山冰川站本身，也是我们冰冻圈实验室和寒旱所，以及全国和国际冰冻圈的一件大事和喜事！

　　50 年前，为建设大西北，中国科学院成立了由施雅风院士领导的"中国科学院冰雪利用研究队"，开创了我国的冰川学研究事业。在大量的野外科考基础上，建立了我国第一个高山现代冰川研究站，以使我们的野外调查工作转入到定量研究的阶段。今天，天山冰川站的工作，不仅拓展到天山南北，东西跨越 1700 多公里，若干个分点，同时，冰冻圈科学的定位站覆盖到整个综合区内部，以及移民地区。所以说天山冰川站的功劳远远不止于这一个站点。此外，作为一个野外定位观测站，作为科学实验基地，天山冰川站具有良好的科学实验场所和强大的技术支撑。半个世纪以来，天山冰川站围绕 1 号冰川及其作用区，在冰川物理学、冰川对气候变化的响应、机理与模拟、雪冰过程与气候环境记录、冰川水文与气象、第四纪冰川与冰缘地貌、冰缘植被与寒区生态等研究领域取得的丰硕的成果，为我们认识冰川与冰冻圈规律奠定了基础，为其他冰川的研究提供了良好的参照和典范。以下就天山冰川站 50 年来所取得的成果做一简单回顾。

第一，天山冰川站为山地冰川科学做出了重要贡献。围绕 1 号冰川的研究，不仅对于具有中低纬度高山冰川特色的中国冰川学理论的形成与发展起到了关键作用，而且是对主要基于高纬度海洋型冰川的国际冰川学的重要补充与发展。作为冰川学试验基地，天山冰川站为我国自主设计的冰孔温度感测计、测冰雷达、冰芯钻和蒸汽钻等冰川学关键设备的研发，以及遥感、差分 GPS 和地理信息系统等新技术在冰川学中的应用，提供了试验场所和后勤保障。在雪冰记录这一方面，天山冰川站历时 8 年，首次观测到大气与冰雪圈的圈层交叉。此外，在第四纪冰川地质这一方面，建立了乌鲁木齐河流域小冰期、新冰期以及末次冰期、冰盛期的较为完整的冰川演化序列，为我国第四纪冰川和冰川地貌科学研究树立了典型范例。

第二，天山冰川站对区域经济可持续发展提供了坚实的科学支撑。我们知道，新疆地处我国西北内陆和亚洲中部干旱区，水资源是制约社会经济发展的瓶颈和维系生态环境的命脉。山区是水资源的形成区，长期以来，天山冰川站以乌鲁木齐河山区流域综合观测试验为基础，揭示了冰川、积雪、高山冻土冰冻圈三大要素和山区降水径流的特征，研究模拟了山区径流的形成与变化、地表水与地下水转化过程和径流对气候变化的动态响应。这一研究，奠定了我国内陆河流域水文、水资源系统研究的基础。我们知道，冰川是新疆重要的水资源，占年平均地表水资源流量的 25% ~ 30%。上个世纪 80 年代以来，全球变暖引发的冰川退缩而产生的水资源时空分布和水循环过程的变化，无疑会给新疆建设布局和发展模式带来深刻的影响。天山冰川站有关冰川水资源的工作为国家重大决策，西北地区水资源管理与高效利用政策，区域经济社会可持续发展战略规划提供了重要的科学依据。

第三，天山冰川站是孕育中国冰冻圈人精神的摇篮，培养了大批的冰川和冰冻圈人才，50 年以来，凡是在天山冰川站学习工作研究过的国内外科技工作者达到了数百人，这些青年科学家汇聚在天山冰川站，远离家人，不仅学到了科学知识，也承接了老同志的精神传统。这是我国面向国际冰川学交流的重要窗口。

第四，天山冰川站和乌鲁木齐 1 号冰川在国际冰川学界享有崇高的声誉，在国际上，乌鲁木齐河源 1 号冰川是世界冰川监测服务处（WGMS）冰川监测网络在中亚内陆干旱区的参考冰川，也是世界上重点监测的十条冰川之一，联合国环境规划署的数据决策采用。这些工作是我们几代冰冻圈科学家勤勤恳恳得到的结果，得到国际上的高度赞扬和基金支持，相信我们的年轻工作者将继续为国际做出贡献。

第五，天山冰川站研究工作的发展也显示了冰冻圈科学在气候系统圈层与其他圈层包括和生物圈、大气圈、水圈的相互作用。国际冰冻圈科学协会（IACS）的成立，WCRP/CliC 计划的良好执行，以及国际冰川学会（IGS）强大的凝聚力以及国际极地年（IPY）的圆满结束，标志着全球冰冻圈科学研究迎来了一个空前发展时期。

本次参加"冰川定位观测研究"国际学术研讨会的 20 名国外专家，包括国际冰川学会、国际冰川监测服务处、国际冰冻圈组织的知名专家和代表，也有与天山冰川站和中国冰冻圈科学家进行长期合作研究的著名学者。他们的报告将不仅展示天山冰川站与国际接轨的研究工作以及在国际上的贡献，更能让我们了解到国际冰川学和冰冻圈科学的研究前缘和发展趋势，这对于我们揭示冰川变化对我国西北干旱区水文、水资源影响，推动我国冰冻圈事业的发展，为西部大开发做贡献，有着重要意义。

我要特别感谢科技部、国家自然科学基金委员会对包括天山冰川在内的冰冻圈事业的大力支持。衷心感谢在新疆和兰州的合作单位、大专院校的长期支持与合作。对新疆林业厅和喀纳斯景区设立"阿尔泰山冰川积雪与环境观测研究站"的大力支持，表示衷心的感谢。我要特别感谢中国科学院从历届领导到现任丁仲礼副院长和资环局历届领导对天山冰川站长期的大力支持。祝贺会议取得圆满成功！

3.3.3 新疆维吾尔自治区靳诺副主席致词

半个世纪以来，天山冰川站围绕 1 号冰川及其作用区，通过长期定位观测研究，为山地冰川科学发展做出了重要贡献。获得国家和省部级科技奖励 10 余项，发表研究论文 1000 余篇，专著 20 多部。与此同时，天山冰川站为区域经济社会可持续发展提供了坚实的科技支撑。新疆地处我国西北内陆和亚洲中部干旱区，水资源是制约社会经济发展的瓶颈和维系生态环境的命脉。冰川是新疆重要的水资源，冰川融水占多年平均地表水资源量的 25% ～ 30%，在河川径流构成和调节方面起着至关重要的作用。天山冰川站以乌鲁木齐河山区流域综合观测试验为基础，揭示了冰川、积雪、高山冻土、山区降水径流的特征，研究模拟了山区径流的形成与变化、地表水与地下水转化过程，模拟预测了径流对气候变化的动态响应。这一研究，奠定了我国内陆河流域水文、水资源系统研究的基础。

20 世纪 80 年代以来冰川的加速退缩引发的水资源时空分布和水循环过程的变化，无疑会给新疆建设布局和发展模式带来深刻的影响。通过地面观测考察和遥感技术，天山冰川站分别查明了塔里木河流域、天山北麓、东疆盆地，以及伊犁河与额尔齐斯河流域的冰川变化，预估了冰川变化对未来水文、水资源的影响，为新疆水资源利用管理决策提供了重要的科学依据。

天山冰川站开展的有关抗冻蛋白分离和抗冻相关基因克隆和转化的研究成果，对揭示冰缘植物适应环境的生理、生态机理和分子生物学机理，开发、利用高山植物资源和培育基因工程抗冻作物具有十分重要的理论意义和实践价值。

新疆的冰川旅游资源十分丰富。现代冰川及第四纪冰川地貌景观的开发利用是自治区迫切需求。近年来，天山冰川站与新疆喀纳斯景区合作建立"阿尔泰山冰川积雪与环境观测研究站"，并开展了博格达峰及喀纳斯友谊峰地区冰川的本底调查，为景区开展冰川特色旅游、冰川科普教育、科研培训，以及世界自然文化遗产的申报工作提供了重要科技支撑，取得良好社会效益。

在此，我特别对参加这次会议的专家代表表示感谢，还特别的对长期工作在此科学领域的老中青科学家们致以崇高的敬意。

3.3.4　孙鸿烈院士致词

　　我对这个站是很了解的，是由施雅风先生创建的，有很好的传统，取得了丰富的科研成果，具有很高的国际知名度。过去 50 年在冰川学理论、冰川与水资源、生态环境方面为我国的冰冻圈事业做出了很大贡献。近年来随着全球变暖，冰川呈现出明显的加速消融趋势，新疆还有其他冰川比 1 号冰川消失得快。这是在气候变化趋势下，不可抗拒的。但是，怎么样研究，在冰川退缩的情况下，到底对新疆地表径流，地下水资源带来的影响，怎么样采取一些适用的对策。我觉得这是摆在面前的非常重要任务。我觉得冰川站今后也是要开展这方面的工作。当前摆在我们冰川学研究的面前，干旱区发展面前，最重要的就是如何建立气候变化对冰川的影响，以及适用的对策。

　　最后，我预祝冰川站今后取得更大的成绩。我希望 60 年庆典的时候我还能参加。谢谢各位！

3.3.5 程国栋院士致词

我们现在聚在这参加中国科学院天山冰川观测试验站50周年庆典，在过去的50年中，天山冰川站取得了很大成就，这是一步一个脚印，点点滴滴积攒下来的。冰川站50年不容易，经过了文化大革命等困难时期。但不管怎么样她克服困难直到现在，而且真的取得了很大成绩。我想一个野外站最值钱的是什么呢？是长期观测性，最起码是天时地利。这就是很了不起的成绩，没有50年的积累不行。还有一条，在地质学中，如果将某个地质时期的地层搞明白，搞的很透彻，这本身就是一个很高的学术成就，这就是所谓地质学中的"金钉子"。冰川站现在是世界冰川监测网络的一部分，盯着中国这块区域，要成为冰川学中的"金钉子"。要真正提高我们的科研竞争力，就是要提高其质量、其内涵。要有这个过程，我觉得要做的就是一点，老老实实做学问。这是平时对大家的要求。我总有一个感觉，我们上学的时候一直在讲巴甫洛夫的条件反射，他讲的4个字就是循序渐进。但我到现在几十年只要一提到循序渐进这个词，听到的就是跨越。领导跨越，底下也要跨越，名人要跨越，笨蛋也要跨越，我总觉得还比较浮躁，如果这样下去，"十二五"规划从数量到质量应该是很难的。要循序渐进、厚积薄发。我想我这平时的体会如果要指导我们"十二五"的工作，会做的更好。我希望把天山冰川站的这个精神——循序渐进、厚积薄发贯彻到"十二五"的科学计划中，这是我心里的期待。希望冰川站继续锲而不舍的努力，期待再创辉煌！谢谢大家！

3.3.6 刘昌明院士致词

　　我非常高兴，很荣幸能够参加天山冰川站这次 50 周年的庆典活动，首先要感谢寒旱所的领导王涛、李忠勤给我提供了一个很好的学习机会。为什么我特别高兴地参加这个会呢？因为我这一辈子一直在做水文水资源研究，而且我也是 1958 年就跟施雅风先生到兰州，到青海，到祁连山一直做冰川与水文研究。所以作为一个长期水文水资源的工作者，我向来都是很重视我们学科的方方面面。国际大地测量地球物理协会下面成立的一个专业委员会——国际水文科技协会将地表水、地下水以及一些冰雪水系等列为一个范围内。所以冰川学、冰川水文都是属于水文学的一部分，当然它还有地貌等其他很多因素。所以我觉得从这个角度讲的话，冰川属于水文学的范围，所以我非常荣幸因为我是搞水文的。刚才我很同意孙院士讲的。研究冰川要注意冰川消融，但是我们知道在过去这几十年，全球的冰川多数都在消退。这个原因可能是由气候变化造成的。从全球来看，地球上有 13.9 万亿的水资源，其中淡水资源只有 2.53%，非常少。而淡水资源中 2/3 以上都是冰川的水量积蓄。我多次去过天山冰川站，他们的工作很辛苦，研究水平很高，这个站在国际上也是很有名。冰川水资源研究十分重要，我们要保护水资源。

3.3.7 姚檀栋院士致词

　　冰川站 50 岁生日，这是我们冰川学界的盛事。前面秦大河院士讲了，他在天山冰川站做的硕士论文，而我在天山冰川站做的博士论文。每次来到天山冰川站，我都会感觉很亲切，都能学到很多东西。我首先简单讲图尤克苏冰川，这个是咱们中亚地区观测的时间最长的，我们经常拿这个作为县二爷的东西。很不幸的是，前苏联解体以后，这些曾经我们羡慕的点都没了，很遗憾。冰川站一直坚持下来做 50 年，我想这是我们值得庆贺的事情。第二呢我觉得在人才培养方面，我看到高水平杂志的文章不断的从天山冰川站的研究里面涌现出来。第三，我觉得很重要的一点，就是天山冰川站在国际合作方面十分突出，这是很重要的，或者是人家很关注你这个地方。另外，天山冰川站不仅是个典型的冰川站，而且通过冰川把其他的相关研究交叉起来，实际上这是现在地球系统科学发展很重要的方向。最后，祝冰川站的研究明天更加辉煌。

3.3.8　新疆维吾尔自治区科技厅张小雷厅长致词

　　冰川学研究从柴窝铺外围河流到跨流域调水，尤其是在人口和经济的承载力的这样的一个规划中起到了绝对重要的作用。秦院士主持的 973 项目阶段性成果，我们以咨询报告的方式报道给党委，得到了王乐泉书记和党政领导的高度重视，代表了新疆的精神，与乌鲁木齐 300 多万人民、2000 多万新疆人民心连心根连根永不分。1 号冰川守望着乌鲁木齐、新疆和世界的未来。1 号冰川在退缩，在变小，已经是不争的事实，它会消亡吗，它还会有机会长大吗？亚欧大陆中部的气候变化到底是个什么样的趋势，我们如何应对，这些问题不仅是科学问题，而且是经济问题，政治问题，我们要向大自然学习，向天山冰川站学习。

3.3.9　科技部基础司傅小峰处长致词

　　冰川站定位研究是几代冰川学家不畏艰难，持之以恒，不懈努力科学研究的范例，今天我们祝贺它的 50 岁生日，不但是回顾它不凡的经历，丰硕的成果，也是学习它 50 年长河的精神。科技部一直是非常重视野外科技工作，我们在2009 年召开了全国野外科技工作会议，野外台站的研究是不可替代的组成部分，有十分重要的地位和作用。"十二五"期间，我们将重点关注长期定位观测、长期联网实验和综合研究。希望天山冰川站就冰川变化的响应机理与模拟、雪 - 冰过程与气候环境记录、冰川水文与气象、第四纪研究再创佳绩，再立新功，为新疆的美好未来做出自己的贡献。

3.4 书评

为总结天山冰川站成果，2011 年出版两本中文专著（文集）:《中国冰川定位观测研究 50 年》（李忠勤主编，气象出版社）和《天山乌鲁木齐河源 1 号冰川近期研究与应用》（李忠勤主编，气象出版社）（见图 3.2）。

图3.2　2011年为总结天山冰川站成果，由气象出版社出版的两本专著

3.4.1 程国栋院士书评

程国栋院士在《天山乌鲁木齐河源 1 号冰川近期研究与应用》一书的序言中写到:"天山冰川站围绕该冰川的各种观测研究，成为我们认识了解冰川普遍规律的基础和其他冰川研究的参照和典范，加之近年来对整个天山和阿尔泰山以及祁连山冰川观测研究的扩展，为我国乃至世界冰川学做出了重要贡献"（见附件 12）。

附件 12　程国栋院士为专著《天山乌鲁木齐河源 1 号冰川近期研究与应用》所写的序言。

序

　　冰川是我国西北干旱区重要的水资源,在河川径流构成和调节方面占有重要地位。根据我国第一次冰川编目资料,西北干旱区共发育冰川 22240 条,面积 27973.86 km²。由于气候变暖,最近 40～50 年,不同地区冰川面积缩小了 10％～30％。因此,揭示冰川与水文、水资源对气候变化响应的过程和机理,发展基于冰川物理过程的水文模型,对于模拟预测干旱区流域水文、水资源动态变化,具有重要现实意义。

　　冰川观测异常困难,选择适当参照冰川及其作用区,进行长期、综合的定位观测研究,对于认识冰川演化过程和规律,揭示山区水资源形成机制,获取水文、水资源模型参数至关重要。天山乌鲁木齐河源 1 号冰川是我国观测时间最长,观测最为系统和全面的冰川,也是世界上少有的几条观测逾 50 年的冰川之一。半个世纪以来,天山冰川站围绕该冰川的各种观测研究,成为我们认识了解冰川普遍规律的基础和其他冰川研究的参照和典范,加之近年来对整个天山和阿尔泰山以及祁连山冰川观测研究的扩展,为我国乃至世界冰川学做出了重要贡献。

　　本书系统总结了天山冰川站近 10 年来的研究进展,包括 1 号冰川对气候变化响应的过程和机理;通过冰川物质平衡模式和冰川动力学模式对 1 号冰川变化的模拟预测;不同冰川厚度和储量变化的观测研究;天山不同地区和祁连山中段冰川变化特征及对水资源的影响分析;冰芯记录形成过程及新疆不同地区雪冰化学特征与环境指示意义等。

　　过去十年里,冰川学在国际上的发展主要体现在两个方面,一是以野外观测为基础,基于物理原理和过程的冰川学模式在冰川变化预测研究中占据了领导地位。而天山冰川站在利用冰川动力学模式,模拟和预测冰川及其融水变化方面的研究,与国际上很好接轨,并取得了创新进展;二是新技术、新方法在冰川学中的大量运用。本书系统介绍了天山冰川站利用 GPR(探地雷达)和 3S(RS, GPS 和 GIS)集成技术对冰川厚度和储量的观测研究,利用氢氧同位素技术对乌鲁木齐河源区径流中不同组分的分割试验,以及通过各种技术手段,对 1 号冰川气—雪—冰演化的物理、化学过程的长期观测研究。这些研究,不仅填补了天山冰川站以往研究的空白,而且使天山冰川站的研究与国际保持同步。

　　本书的研究工作,体现了新一代冰川学者不畏艰苦,运用现代科技在国际前沿拼搏的风貌。学术带头人李忠勤同志十多年来在自然环境恶劣,条件艰苦的天山冰川上,为传承和发展天山冰川站事业无私奉献的精神值得年轻学者学习。研究生和年轻学者可以通过阅读本书,找到具有参照作用的研究和当前冰川学研究热点,以减少弯路和重复。

　　本书是天山冰川近期研究的初步总结。冰川学的发展日新月异,希望天山冰川站以建站 50 周年为新的起点,把握国际前沿,不断开拓创新、做出更加辉煌的成绩。

2011 年 7 月

---

* 程国栋,中国科学院院士,国家自然科学基金委员会地学部主任。

3.4.2 秦大河院士书评

秦大河院士在《中国冰川定位观测研究 50 年》一书的序言中，对天山冰川站近年来的研究工作进行了评价："天山冰川站拓展观测研究范围，在发展冰川动力学模式，建立冰川变化模型，应用新技术、新方法开展冰川与气候变化研究，以及"大气—粒雪—冰川冰"演化过程的理化观测研究等方面，都有创新和发展"（见附件 13）。

附件 13　秦大河院士为《中国冰川定位观测研究 50 年》写的序一。

序　一

整整半个世纪，飞逝而过。今天，中国科学院天山冰川观测试验站（简称天山冰川站）迎来了她 52 岁的生日。半个世纪前，新中国在顺利完成第一个五年计划之后，国家各项事业大发展，大规模建设轰轰烈烈，各行各业都在解放思想、破除迷信，实行"大跃进"。中国科学院也不例外：为解决甘肃河西走廊农业灌溉水源，在祁连山开展了融冰化雪工作，同时对祁连山和新疆天山的现代冰川进行考察，中国现代冰川科学应运而生。随着现代冰川野外调查工作的开展，建站并进行定位实验观测研究也被提到了议事日程，新疆天山乌鲁木齐河源 1 号冰川被确定为观测冰川，并于 1959 年开始建设观测试验站。被誉为"中国冰川之父"的著名地理学家施雅风院士是中国冰川科学事业的"开山鼻祖"：从"大跃进"的融冰化雪，到天山冰川观测试验站的建立，他都是缔造者和领导者。以施雅风院士为代表的几代冰川人，从建站、发展到今天，为天山冰川站和中国冰川学、冰冻圈科学的发展倾注了大量心血，甚至献出了毕生精力。天山冰川站五十多年的历程，也是中国冰川学、冰冻圈科学创建、成长和壮大的缩影。

长期开展冰川定位试验观测是天山冰川站在科学上的重要贡献之一。半个世纪以来，天山冰川站在冰川物理学、冰川对气候变化的响应、机理与模拟、雪冰过程与气候环境记录、冰川水文与气象、第四纪冰川与冰缘地貌、冰缘植被与寒区

中国冰川定位观测研究 50 年

生态等领域取得了优秀的成绩。天山冰川站的科研人员勤勤恳恳、默默无闻,坚持长期观测,获得了连续、准确、丰富的观测数据。他们以此为基础,再瞄准国际前沿和国家需求展开研究。这个经验值得总结、提倡和推广,特别是在科技界和学术界浮躁情绪蔓延的现在,更有着重要的现实意义。近年来,天山冰川站拓展观测研究范围,在发展冰川动力学模式,建立冰川变化模型,应用新技术、新方法开展冰川与气候变化研究,以及"大气—粒雪—冰川冰"演化过程的理化观测研究等方面,都有创新和发展。

天山冰川站的试验观测和研究在国际冰川学界占有重要席位。我们长期监测的天山乌鲁木齐河源 1 号冰川是世界冰川监测服务处(WGMS)冰川监测网络在中亚内陆干旱区的"参照冰川",也是世界上重点监测的十大现代冰川之一。IPCC 第四次评估报告引用了这些成果,这不仅是国际冰冻圈科学界高度认可的证明,也是气候变化科学对天山冰川站成果的认可。

我自 1978 年加入冰川学研究队伍以来,多次到天山冰川站学习和工作。普通冰川学的挖雪坑、打冰钻、测冰温、观察附加冰、观测物质平衡、计算平衡线高度等基本技能,几乎都是在这里练就的。我在天山冰川站完成了硕士论文,题目是"天山乌鲁木齐河源地区主玉木冰期以来冰川变化和发育环境的研究"。我早期带的研究生的博士论文也是在天山冰川站完成的。我和天山冰川站有缘分!据我所知,50 年来在这里工作、学习、研究的国内外科技工作者达数百人,以天山冰川为研究对象完成的的硕士、博士论文也有 90 多篇。现在,来自世界各地和天山冰川站有缘分的科学家、工程师、教授们欢聚一堂,人才济济,一派兴旺景象,这难道不正是天山站的又一个重要科学贡献吗?

当然,贡献还可以列举出不少,比如在为国家重大决策服务,在为西北地区水资源管理与高效利用、区域经济社会可持续发展、新疆水资源调查等工作提供科技支撑,天山冰川站都有成绩显示!

几天前,天山冰川观测试验站站长李忠勤研究员来函,盛情邀我为《中国冰川定位观测研究 50 年——中国科学院天山冰川观测试验站建站 50 周年文集》作序,只给十天时间。然时值我正在河西走廊和祁连山老虎沟 12 号冰川游弋,随后即前往法国开会,匆匆之际,草成此短文,书不尽天山冰川站五十多年的种种贡献以及大家对天山冰川站的情感,然大庆近在咫尺,李站长不断催稿,文集等待付

序　一

印,只能就此停笔,不妥之处请读者指教,是为序。

秦大河 *

2011 年 7 月 19 日于法国 Brest 市

---

* 秦大河,中国科学院院士,中国科学院地学部主任,中国科协副主席。

3.4.3 姚檀栋院士书评

姚檀栋院士在《中国冰川定位观测研究 50 年》一书的序言中，指出天山冰川站"是中国冰川学研究从野外考察走向定位观测试验的里程碑，是施雅风院士等老一辈冰川学家对中国冰川学倾注毕生心血的见证。其 50 多年历程，是中国冰川学创建和发展的缩影"，并通过例举 *Nature* 杂志编辑对 1 号冰川研究认可，阐述天山冰川站工作的国际影响（见附件 14a，b）。

附件 14a 姚檀栋院士为《中国冰川定位观测研究 50 年》写的序二

序 二

始建于 1959 年的中国科学院天山冰川站，是我国从事冰川学观测研究历史最长的国家级野外台站，是中国冰川学研究从野外考察走向定位观测试验的里程碑，是施雅风院士等老一辈冰川学家对中国冰川学倾注毕生心血的见证。其 50 多年历程，是中国冰川学创建和发展的缩影。

提起中国科学院天山冰川站，我就会在脑海中呈现日渐明晰的各种镜头：在这里，我第一次和施雅风院士天天同吃、同住、同考察，他和一些老科学家如曲耀光、文启忠等谈科学、谈国事、谈家事，那是一些亲切、感人、受启迪的镜头，在这些镜头中，我能看出自己研究现代冰川最初的洗礼；在这里，我第一次和朗尼、汤姆森博士相遇、长谈、畅想，那是一些拼搏、奋斗、干事业的镜头，在这些镜头中，我能看出中国山地冰芯研究最早的烙印。

提起中国科学院天山冰川站，我就会有发自内心的感言。在这里，我的研究视野从冰川本身拓展到冰川变化与水资源的关系、现代冰川变化与过去冰川变化的关系等方面，我感慨的是天山站作为一个熔炉给了我锻造自己科研生涯的新环境；在这里，我认识了一批从国内外大师级人物到各类支撑服务人员的同行们，我感慨的是，我以后的每一个进步都和他们的直接或间接的支持密切相关。

提起中国科学院天山冰川站，我就会折服于这里的科学家们对于科学研究的执着，从建站那天开始，一批又一批学者带着新的激情和新的理念，开展新的观测和研究，创造出新的成果；我更折服这里对于人才培养的专注，一批又一批年轻学者通过在这里实习或研究喜欢上了冰川、喜欢上了大山、喜欢上了西部、最后扎根西部。

提起中国科学院天山冰川站，我总期盼着更美好的科学明天。前不久，*Nature*杂志刊登一篇博士培养的专辑，在报道中国博士培养时专门以天山冰川站 1 号冰川为背景，有不知情者可能以为是我提供了这张照片。但实际情况是，当我看到这张照片时也感到惊讶，他们怎么会想到天山冰川站 1 号冰川呢？他们从哪儿得到的照片呢？我将这些问题用电子邮件发过去。他们的回答同样让我惊讶！更让我自豪！他们说作为一个世界著名的冰川观测研究站，*Nature*杂志又要刊登一个与中国冰川博士培养有关的报道，当然要有这条冰川。而这张照片是他们自己从卫星遥感图片上下载的。这就是天山站的国际影响力！而这正是中国几代冰川科学家努力奋斗的结果！事实确实是这样，历经半个世纪几代科学家的艰苦努力，天山冰川站已建设发展成为国内外知名的冰川科学研究、学术交流、人才培养的基地！在庆祝天山冰川站建站 50 周年的时刻，我祝愿天山冰川站的明天更加硕果累累、更加人才济济、更加辉煌灿烂。

姚檀栋[*]

2011 年 7 月

---

[*]　姚檀栋，中国科学院院士，中国科学院青藏高原研究所所长。

附件 14b　姚檀栋院士提到的 *Nature* 杂志（Vol. 472，2011）上刊登的 1 号冰川照片

Yao Tandong spent a month during his PhD on Glacier No. 1 in the Tianshan mountains of northwest China.

R eference 参考文献

[1] 康尔泗.天山冰川观测试验站回顾和展望.冰川冻土，1988，**10**（3）：290-295.

[2] 李忠勤.叶佰生.天山冰川观测试验站10年来的回顾与展望.冰川冻土，1998，**20**（4）：280-286.

[3] 李忠勤.中国冰川定位观测研究50年.北京：气象出版社，2011，1-486.

[4] 谢自楚.黄茂恒.天山乌鲁木齐河源1号冰川雪-粒雪层的演变及成冰作用.见：天山乌鲁木齐河冰川与水文研究.北京：科学出版社，1965，1-14.

[5] Huang Maohuan. The movement mechanisms of Urumqi Glacier No.1, Tianshan Mountains, China. *Annals of Glaciology*, 1992, **16**：39-44.

[6] 黄茂桓.我国亚极地型冰川的运动机理.中国科学（B辑），1994，**24**（3）：310-316.

[7] 黄茂桓.我国极地型冰川发育的气候条件.冰川冻土，1994，**16**（3）：218-223.

[8] Cai Baolin, Xie Zichu, Huang Maohuan. Mathematical models of the temperature and water-heat transfer in the percolation zone of a glacier. *Cold Regions Science and Technology*, 1986, **12**（1）：39-49.

[9] 蔡保林，匡佩琼.冰川渗浸带的放热模型.科学通报，1988，**33**（22）：374-375.

[10] 蔡保林，王旭.冰川渗浸带吸热模型及动坐标求解.科学通报，1989，**34**（11）：851-853.

[11] 姚檀栋，施雅风.乌鲁木齐河气候、冰川、径流变化及未来趋势.中国科学（B辑），1988，**6**：657-666.

[12] 康尔泗，Atsumu Ohmura.天山冰川消融参数化能量平衡模型.地理学报，1994，**49**（5）：467-476.

[13] 康尔泗，Atsumu Ohmura.天山冰川作用流域能量、水量和物质平衡及径流模型.中国科学（B辑），1994，**24**（9）：983-991.

[14] 刘时银，丁永建，叶佰生，等.度日因子用于乌鲁木齐河源1号冰川物质平衡计算的研究.见：第五届全国冰川冻土学大会论文集（上）.兰州：甘肃文化出版社，1996，197-205.

[15] 刘时银，丁永建，王宁练，等.天山乌鲁木齐河源1号冰川物质平衡对气候变化的敏感性研究.冰川冻土，1998，**20**（1）：9-13.

[16] 叶柏生，陈克恭，施雅风．乌鲁木齐河源冰川的消融强度函数．冰川冻土，1996，**18**（2）：139-146.

[17] 丁永建．基于地理信息系统的太阳直接辐射与冰川物质平衡的关系．冰川冻土，1998，**20**（2）：157-162.

[18] 刘潮海，谢自楚，王纯足．天山乌鲁木齐河源1号冰川物质平衡过程研究．冰川冻土，1997，**19**（1）：17-24.

[19] 刘潮海．中亚天山冰川资源及其分布特征．冰川冻土，1995，**17**（3）：193-203.

[20] 张志忠，杨大庆．乌鲁木齐河流域季节积雪的基本特征．冰川冻土，1992，**14**（2）：129-133.

[21] 胡汝骥．中国天山自然地理，北京：中国环境科学出版社，2004，1-443.

[22] 陈建明，刘潮海，金明燮．重复航空摄影测量方法在乌鲁木齐河流域冰川变化监测中的应用．冰川冻土，1996，**18**（4）：331-336.

[23] 施雅风，康尔泗，张国威，等．乌鲁木齐河山区水资源形成和估算．北京：科学出版社，1992，1-189.

[24] 康尔泗，刘潮海．乌鲁木齐河源冰川物质平衡季节变化和总消融海拔分布．冰川冻土，1994，**16**（2）：119-127.

[25] Kang Ersi, Energy-Water-Mass Balance and Hydrological Discharge. Geographisches Institute ETH, 1994, **178**：164-170.

[26] 杨针娘．中国冰川水资源．兰州：科学技术出版社，1991，1-158.

[27] 张寅生．天山乌鲁木齐河源区蒸发研究．见：第四届全国冰川冻土会议论文集（冰川学）．北京：科学出版社，1991，87-94.

[28] 杨大庆，张寅生．乌鲁木齐河流域山区冬季积雪蒸发观测的主要结果．冰川冻土，1992，**14**（2）：122-128.

[29] 杨大庆，姜彤，张寅生，等．天山乌鲁木齐河源降水观测误差分析及其改正．冰川冻土，1988，**10**（4）：374-399.

[30] 杨怀仁，邱淑彰．乌鲁木齐河上游第四纪冰川与冰后期气候波动．地理学报，1965，**31**（3）：194-211.

[31] 施雅风，苏珍．天山乌鲁木齐河源冰川的形态特征与历史演变．见：天山乌鲁木齐河冰川与水文研究．北京：科学出版社．1965：83-87.

[32] 陈吉阳．天山乌鲁木齐河源全新世冰川变化的地衣学若干问题的初步研究．中国科学（B辑），1988.（1）：95-104.

[33] 王宗太．天山中段及祁连山东段小冰期以来的冰川与环境．地理学报，1991，**46**（2）：160–168.

[34] 崔之久. 论天山乌鲁木齐河源的冰川冰斗. 冰川冻土，1981，**3**: 24-35.

[35] 崔之久. 天山乌鲁木齐河源冰川侵蚀地貌与槽谷演化. 冰川冻土，1981. **3**: 1-15.

[36] 焦克勤. 天山乌鲁木齐河源冰川谷的横剖面. 冰川冻土，1981，**3**: 92-96.

[37] 王靖泰. 天山乌鲁木齐河源冰蚀地形的形成机制. 冰川冻土，1981，**3**: 16-23.

[38] 李树德，崔之久，张振拴. 天山乌鲁木齐河源胜利达坂岩石风化剥蚀速率初探. 冰川冻土，1981，**3**: 114–119.

[39] 张振拴. 天山乌鲁木齐河源的雪线变化. 冰川冻土，1981，**3**: 106-113.

[40] 崔之久. 天山乌鲁木齐河源冰碛垄与冰碛沉积的类型和特征. 冰川冻土，1981，**3**: 36-48.

[41] 李树德，崔之久，王靖泰，等. 天山乌鲁木齐河源冰碛、冰水及冲积砾石的岩性与形态特征. 冰川冻土，1981，**3**: 78-91.

[42] 王靖泰，张振拴. 天山乌鲁木齐河源的冰川沉积. 冰川冻土，1981，**3**: 49-56.

[43] 王靖泰. 天山乌鲁木齐河源的古冰川. 冰川冻土，1981，**3**: 57-63.

[44] 马秋华. 天山乌鲁木齐河源地区望峰冰碛的结构特征. 冰川冻土，1984，**6**（2）: 61-67.

[45] 冯兆东，秦大河. 天山乌鲁木齐河源未次冰期以来终碛的沉积类型和沉积过程. 冰川冻土，1984，**6**（3）: 39-50.

[46] 秦大河，冯兆东，李吉军. 天山乌鲁木齐河源地区主玉木冰期以来冰川变化和发育环境的研究. 冰川冻土，1984，**6**（3）: 51-62.

[47] 崔之久，朱诚. 天山乌鲁木齐河源区石冰川的温度结构类型与运动机制. 科学通报，1989，**34**（11）: 134-138.

[48] 崔之久，熊黑钢，刘耕年. 天山乌鲁木齐河源区及拉尔敦达板冰缘块体运动观测研究. 冰川冻土，1993，**15**（2）: 199-206.

[49] 朱诚，崔之久. 天山乌鲁木齐河源区冰缘地貌的分布和演变过程. 地理学报，1992，**47**（6）: 526-535.

[50] 刘耕年，熊黑钢. 中国天山高山冰缘环境中的寒冻风化剥蚀作用及其影响因素. 冰川冻土，1992，**14**（4）: 332-341.

[51] 熊黑钢，刘耕年，崔之久. 天山乌鲁木齐河源空冰斗中分选环的观测与研究. 地理研究，1993，**12**（4）: 46-52.

[52] 李忠勤. 天山乌鲁木齐河源1号冰川近期研究与应用. 北京：气象出版社，2011，1-230.

[53] Li Zhongqin (Guest Editor). *Journal of Earth Science：Special Issue on Science and Monitoring of Glaciers in Northwestern China.* **22**（4）. Springer，118 pages. 2011.

[54] 李忠勤. 冰川及其相关观测方法与规范. 兰州：中国科学院寒区旱区环境与工程研究所. 2008.

[55] 李慧林，李忠勤，秦大河. 冰川动力学模式基本原理和参数观测指南. 北京：气象出版社. 2009.

[56] Eva Huintjes, Li Huilin, Li Zhongqin, et al. Degree-day modeling of the surface mass balance of Urumqi glacier No. 1, Tian Shan, China. The Cryosphere Discuss，2010，4：207-232.

[57] 李忠勤，韩添丁，井哲帆，等. 乌鲁木齐河源区气候变化和1号冰川40 a 观测事实，冰川冻土，2003，25（2）：117-123.

[58] 李忠勤，沈永平，王飞腾，等. 天山乌鲁木齐河源1号冰川消融对气候变化的响应. 气候变化研究进展，2007，3（3）：132-137.

[59] 李忠勤，沈永平，王飞腾，等. 冰川消融对气候变化的响应——以乌鲁木齐河源1号冰川为例. 冰川冻土，2007，29（3）：333-342.

[60] 李忠勤. 天山乌鲁木齐河源1号冰川东支顶部出现冰面湖. 冰川冻土，2005，27（1）：150-153.

[61] Wang Ninglian, Jiao Keqin, Li Zhongqin, et al. Recent accelerated shrinkage of Glacier No.1, Tien Shan, China. Journal of Glaciology，2004，50（170）：464-466.

[62] Han Tianding, Ding Yongjian, Ye Baisheng. Mass-balance characteristics of Urumqi glacier No.1, Tien Shan, China. Annals of glaciology，2006，43：323-328.

[63] Jing Zhefan, Jiao Keqin, Yao Tandong. Mass balance and recession of Urumqi glacier No.1, Tien Shan, China, over the last 45 years. Annals of Glaciology，2006，43（1）：214-217.

[64] 焦克勤，井哲帆，韩添丁，等. 42 a 来天山乌鲁木齐河源1号冰川变化及趋势预测. 冰川冻土，2004，26（3）：253-260.

[65] 杨惠安，李忠勤，叶柏生，等. 过去44年乌鲁木齐河源1号冰川物质平衡结果及其过程研究. 干旱区地理，2005，28（1）：76-80.

[66] 张国飞，李忠勤，王卫东，等. 近20年乌鲁木齐河源1号冰川东支和西支物质平衡变化. 生态学杂志，2013，32（9）：2412-2417.

[67] 张国飞，李忠勤，王文彬，等. 乌鲁木齐河源1号冰川2009年出现物质正平衡. 干旱区地理，2013，36（2）：263-268.

[68] Zhang Guofei, Li Zhongqin, Wang Weidong. et al. Comparative study on observed mass balance between East and West Branch of Urumqi Glacier No. 1, Eastern Tianshan, China. Sciences in Cold and Arid Regions，2013，5（3）：316-323.

[69] Zhang Guofei, Li Zhongqin, Wang Wenbing. Rapid decrease of observed mass balance in the Urumqi Glacier No. 1, Tianshan Mountains, central Asia. *Quaternary International*, 2014, **349**: 135-141.

[70] 董志文, 秦大河, 任贾文, 等. 近50年来天山乌鲁木齐河源1号冰川平衡线高度对气候变化的响应. 科学通报, 2013, **58**（9）: 825-832.

[71] 李旭亮, 李忠勤, 王文彬, 等. 1959—2009年乌鲁木齐河源1号冰川零平衡线高度变化研究. 干旱区资源与环境, 2013, **27**（2）: 83-88.

[72] 王卫东, 张国飞, 李忠勤. 近52a天山乌鲁木齐河源1号冰川平衡线高度及其与气候变化关系研究. 自然资源学报, 2015, **30**（1）: 124-132.

[73] Wang Shenjie, Zhang Mingjun, NC Pepin, *et al*. Recent changes in freezing level heights in High Asia and their impact on glacier changes. *Journal of Geophysical Research: Atmospheres*, 2014, **119**（4）: 1753-1765.

[74] Wang Puyu, Li Zhongqin, Li Huilin, *et al*. Comparison of glaciological and geodetic mass balance at Urumqi Glacier No. 1, Tian Shan, Central Asia. *Global and Planetary Change*, 2014, **114**: 14-22.

[75] 姚红兵, 李忠勤, 王璞玉, 等. 近50a天山乌鲁木齐河源1号冰川变化分析. 干旱区研究, 2015, **32**（3）: 442-447.

[76] Li Zhongqin, Li Huilin, Chen Yaning. Mechanisms and simulation of accelerated shrinkage of continental mountain glaciers, a case study of Urumqi glacier No.1 in eastern Tianshan, central Asia. *Journal of Earth Science*, 2011, **22**（4）: 423-430.

[77] Nozomu Takeuchi, Li Zhongqin. Characteristics of surface dust on Urumqi glacier No. 1 in the Tien Shan Mountains, China. *Arctic, Antarctic and Alpine Research*, 2008, **40**（4）: 744-750.

[78] 李慧林, 李忠勤, 沈永平, 等. 冰川动力学模式及其对中国冰川变化预测的适应性. 冰川冻土, 2007, **29**（2）: 201-208.

[79] 王璞玉, 李忠勤, 曹敏, 等. 近45年来托木尔峰青冰滩72号冰川变化特征. 地理科学, 2010, **30**（6）: 962-967.

[80] 王璞玉, 李忠勤, 李慧林. 气候变暖背景下典型冰川储量变化及其特征分析—以天山乌鲁木齐河源1号冰川为例. 自然资源学报, 2011, **26**（7）: 1-10.

[81] 王璞玉, 李忠勤, 曹敏. 近50年来天山博格达峰地区四工河4号冰川表面高程变化特征. 干旱区地理, 2011, **34**（3）: 464-470.

[82] 吴利华, 李忠勤, 王璞玉, 等. 天山博格达峰地区四工河4号冰川雷达测厚与冰储量估算. 冰川冻土, 2011, **33**（2）: 276-282.

[83] 王璞玉, 李忠勤, 李慧林, 等. 近50年来天山地区典型冰川厚度及储量变化. 地理学报,

2012，**67**（7）：929-940.

[84] 王璞玉，李忠勤，吴利华，等．GPR，GPS 与 GIS 支持下的冰川厚度及冰储量分析：以天山博格达峰黑沟 8 号冰川为例．地球科学，2012，**37**：179-187.

[85] Wang Puyu, Li Zhongqin, Li Huilin, *et al*. Ice surface-elevation change and velocity of Qingbingtan glacier No.72 in the Tomor region, Tianshan Mountains, central Asia. *Journal of Mountain Science*, 2011, **8**：855-864.

[86] Wang Puyu, Li Zhongqin, Li Huilin, *et al*. Glacier No.4 of Sigong River over Mt. Bogda of eastern Tianshan, central Asia：thinning and retreat during the period 1962-2009. *Environmental Earth Sciences*, 2012, **66**（1）：265-273. Doi：10.1007/s12665-011-1236-0.

[87] Wang Puyu, Li Zhongqin, Gao Wenyu. Rapid shrinking of glaciers in the middle Qilian Mt. Region of Northwest China, during the last -50 years. *Journal of Earth Science*, 2011, **22**（4）：539-548.

[88] Wang Puyu, Li Zhongqin, Wang Wenbin, *et al*, Changes of six selected glaciers in the Tomor region, Tian Shan, Central Asia, over the past -50 years, using high-resolution remote sensing images and field surveying. *Quaternary International*, 2013, **311**：123-131.

[89] Wang Puyu, Li Zhongqin, Li Huilin. Ice thickness, volume and subglacial topography of Urumqi Glacier No.1, Tianshan Mountains, central Asia, by ground penetrating radar survey. *Journal of Earth System Science*, 2014, **123**（3）：581-591.

[90] Wang Puyu, Li Zhongqin, Wu Lihua, *et al*. Glacier volume calculation from ice-thickness data for mountain glaciers-A case study of glacier No. 4 of Sigong River over Mt. Bogda, eastern Tianshan, Central Asia. *Journal of Earth Science*, 2014, **25**（2）：371-378.

[91] Huai Baojuan, Li Zhongqin, Sun Meiping, *et al*. Change in glacier area and thickness in the Tomur Peak, western Chinese Tien Shan over the past four decades. *Journal of Earth System Science*, 2015, **124**（2）：353-363.

[92] Huai Baojuan, Li Zhongqin, Wang Feiteng, *et al*. Glacier volume estimation from ice-thickness data, applied to the Muz Taw glacier, Sawir Mountains, China. Environmental Earth Sciences, 2015, **74**, 1861-1870.

[93] Li Huilin, Li Zhongqin, Zhang Mingjun, *et al*. An improved method based on shallow ice approximation to calculate ice thickness along flow-line and volume of mountain glaciers. *Journal of Earth Science*, 2011, **22**（4）：441-448. DOI：10.1007/s12583-011-0198-1.

[94] Li Huilin, Felix N, Li Zhongqin. An extended 'perfect-plasticity' method for estimating ice thickness along the flow line of mountain glaciers. *Journal of Geophysical Research*, 2012, **117** (F1). Doi: 10.1029/2011JF002104

[95] Li Zhongqin, Wang Wenbin, Zhang Mingjun, *et al.* Observed changes in stream flow at the headwaters of the Urumqi River, eastern Tianshan, central Asia. *Hydrological Processes*, 2010, **24**: 217-224.

[96] Ye Baisheng, Yang Daqing, Jiao Keqin, *et al.* The Urumqi River source Glacier No. 1, Tianshan, China: Changes over the past 45 years. *Geophysical Research Letters*, 2005, **32**, L21504, DOI: 10.1029/2005GL02417

[97] 孙美平, 李忠勤, 姚晓军, 等. 1959—2008 年乌鲁木齐河源 1 号冰川融水径流变化及其原因. 自然资源学报, 2012, **27** (4): 650-660.

[98] 孙美平, 李忠勤, 姚晓军, 等. 近 50a 来乌鲁木齐河源区径流变化及其机理研究. 干旱区地理, 2012, **35** (3): 430-437.

[99] Sun Meiping, Li Zhongqin, Yao Xiaojun, *et al.* Rapid shrinkage and hydrological response of a typical continental glacier in the arid region of northwest China-taking Urumqi Glacier No.1 as an example. *Ecohydrology*, 2013, **6** (6): 909-916.

[100] Sun Meiping, Li Zhongqin, Yao Xiaojun, et al. Modeling the hydrological response to climate change in a glacierized high mountain region, northwest China. *Journal of Glaciology*, 2015, **61** (225): 127-136.

[101] 孙美平, 张明军, 姚晓军, 等. 天山东段冰雪消融与产汇流水文过程—以乌鲁木齐河源区为例. 地理学报, 2014, 07: 945-957.

[102] Sun Meiping, Yao Xiaojun, Li Zhongqin, *et al.* Hydrological processes of glacier and snow melting and runoff in the Urumqi River source region, eastern Tianshan Mountains, China. *Journal of Geographical Sciences*, 2015, **25** (2): 149-164.

[103] 李忠勤, 李开明, 王林. 新疆冰川近期变化及其对水资源的影响研究. 第四纪研究, 2010, **30** (1): 96-106.

[104] Li Zhongqin, Wang Wenbin, Li Huilin. Recent glacier changes and their impact on water resource in Xinjiang, northwest China. Report on the WGMS General Assembly of the National Correspondents, P18-20, WGMS, Switzerland. 2010.

[105] Li Kaiming, Li Zhongqin, Wang Lin, *et al.* On the relationship between local topography and small glacier change under climatic warming in Mt. Bogda, eastern Tian Shan, China. *Journal of Earth Science*, 2011, **22** (4): 515-521. DOI: 10.1007/s12583-011-0204-7.

[106] Li Kaiming, Li Zhongqin, Gao Wenyu. Recent glacial retreat and its effect on water

resources in eastern Xinjiang. Chinese Science Bulletin，2011，56（33）：3596-3604.

[107] 高闻宇，李忠勤，李开明，等 . 基于遥感与 GIS 的库克苏河流域冰川变化研究 . 干旱区地理，2011，34（2）：252-261.

[108] Wang Wenbin. Li Kaiming，Li Zhongqin. Monitoring glacial shrinkage using remote sensing and site-observation method on southern slope of Kalik Mountain，eastern Tian Shan，China. Journal of Earth Science，2011，22（4）：503-514. DOI：10.1007/s12583-011-0203-8

[109] 白金中，李忠勤，张明军，等 . 1959—2008 年新疆阿尔泰山友谊峰地区冰川变化特征 . 干旱区地理，2012，35（1）：116-124.

[110] 李忠勤 . 中国工程院重大咨询项目：新疆可持续发展中有关水资源的战略研究（综合报告），2012，87-94.

[111] Li Zhongqin. Water Resources Research in Northwest China，Springer Netherlands，193-246.2014.

[112] 李忠勤 . 新疆地区自然环境演变、气候变化及人类活动影响，中国水利水电出版社，2014，169-186.

[113] Wang Puyu, Li Zhongqin, Huai Baojuan, *et al*. Spatial variability of glacier changes and their effects on water resources in the Chinese Tianshan Mountains during the last five decades. *Journal of Arid Land*，2015，**7**（6）：717-727.

[114] 怀保娟，李忠勤，孙美平，等 . 近 40 a 来天山台兰河流域冰川资源变化分析 . 地理科学，2014，02：229-236.

[115] Wang Lin, Li Zhongqin, Wang Feiteng, *et al*. Glacier changes from 1964-2004 in the Jinghe River basin，Tien Shan. *Cold Regions Science and Technology*，2014，**102**：78-83.

[116] Wang Lin, Li Zhongqin, Wang Feiteng. Glacier shrinkage in the Ebinur Lake Basin，Tien Shan，China during the last 40 years. *Journal of Glaciology*，2014，**60**（220）：245-254.

[117] Wang Lin, Wang Feiteng, Li Zhongqin, *et al*. Glacier changes in the Sikeshu River basin，TienShan Mountain. *Quaternary International*，2015，**358**：153-159.

[118] 牛生明，李忠勤，怀保娟 . 近 50 年来天山博格达峰地区冰川变化分析 . 干旱区资源与环境，2014，09：134-138.

[119] 张正勇，李忠勤，何新林，等 . 玛纳斯河流域冰川变化及水资源研究进展 . 水土保持研究，2014，05：332-337.

[120] 王璞玉，李忠勤，周平 . 近期新疆哈密代表性冰川变化及对水资源影响 . 水科学进展，2014，**25**（4）：518-525.

[121] Wang Puyu, Li Zhongqin, Zhou Ping, *et al*. Recent changes of two selected glaciers in Hami Prefecture of eastern Xinjiang and their impact on water resources. *Quaternary International*，2015，**358**：146-152.

[122] 骆书飞，李忠勤. 近50年来中国阿尔泰山友谊峰地区冰川储量变化. 干旱区资源与环境，2014，05：180-185.

[123] Wang Puyu, Li Zhongqin, Luo Shufei, *et al*. Five decades of changes in the glaciers on the Friendship Peak in the Altai Mountains, China：changes in area and ice surface elevation. *Cold Regions Science and technology*，2015，**116**：24-31.

[124] 王璞玉，李忠勤，高闻宇，等. 气候变化背景下近50年来黑河流域冰川资源变化特征分析. 资源科学，2011，**3**（3）：399-407.

[125] 颜东海，李忠勤，高闻宇，等. 祁连山北大河流域冰川变化遥感监测. 干旱区研究，2012，**29**（2）：245-250.

[126] 于国斌，李忠勤，近50 a祁连山西段大雪山和党河南山的冰川变化. 干旱区地理，2014，02：299-309.

[127] 怀保娟，李忠勤，孙美平. 近50年黑河流域的冰川变化遥感分析. 地理学报，2014，03：365-377.

[128] Huai Baojuan, Li Zhongqin, Wang Shengjie, *et al*. RS analysis of glaciers change in the Heihe River Basin, Northwest China, during the recent decades. *Journal of Geographical Sciences*，2014，**24**（6）：993-1008.

[129] 周在明，李忠勤，李慧林，等，天山乌鲁木齐河源区1号冰川运动速度特征及其动力学模拟. 冰川冻土，2009，**31**（1）：55-61.

[130] 周在明，井哲帆，赵淑惠，等. 冰川运动速度对气候变化的响应—以天山乌鲁木齐河源1号冰川为例. 地球学报，2010，**31**（2）：237-244.

[131] 曹敏，李忠勤，李慧林. 天山托木尔峰地区青冰滩72号冰川表面运动速度特征研究. 冰川冻土，2011，**33**（1）：21-29.

[132] 王林，李忠勤，王飞腾，等. 乌鲁木齐河源1号冰川冰芯剖面物理特征及其形成机理研究. 冰川冻土，2009，**31**（1）：11-18.

[133] Wang Lin, Li Zhongqin, Wang Feiteng. Spatial distribution of debris layer on the typical glaciers of the Tuomuer Peak, western Tian Shan. *Journal of Earth Science*，2011，**22**（4）：528-538. DOI：10.1007/s12583-011-0205-6.

[134] 王圣杰，张明军，李忠勤，等. 近50年来中国天山冰川面积变化对气候的响应. 地理学报，2011，**66**（1）：38-46.

[135] Wang Shengjie, Zhang Mingjun, Li Zhongqin, *et al*. Glacier area variation and climate change in the Chinese Tianshan Mountains since 1960. *Journal of Geographical Science*，

2011，**21**（2）：263-273.

[136] Zhang Mingjun, Wang Shengjie, Li Zhongqin, *et al*. Glacier area shrinkage in China and its climatic background during the past half century. Journal of Geographical Sciences，2012，**22**（1）：15-28.

[137] 怀保娟，李忠勤，孙美平，等.多种遥感分类方法提取冰川边界探讨.干旱区研究，2013，**30**（2）：372-377.

[138] 牛生明，李忠勤，怀保娟，遥感影像提取冰川信息方法研究.中国西部科技，2014，**8**：1-3.

[139] Wang Shengjie, Zhang Mingjun, Sun Meiping, *et al*. Changes in precipitation extremes in alpine areas of the Chinese Tianshan Mountains, central Asia, 1961-2011. *Quaternary International*，2013，**311**：97-107.

[140] 张正勇，何新林，刘琳，等.中国天山山区降水空间分布模拟及成因分析.水科学进展，2015，**26**（4）：500-508.

[141] Zhao Zhongping, Li Zhongqin, Ross Edwards, *et al*. Atmosphere-to-snow-to-firn transfer of NO_3^- on Glacier No. 1, eastern Tien Shan, China. *Annals of Glaciology*，2006，**43**（1）：239-244.

[142] Li Huilin, Li Zhongqin, Wang Wenbin, *et al*. Deposition characteristic of the NH4+ on Urumqi glacier No.1, eastern Tien shan, China. *Annals of Glaciology*，2008，**49**（1）：161-165.

[143] 张坤，李忠勤，王飞腾，等.天山乌鲁木齐河源1号冰川积累区气溶胶和表层雪中可溶性矿物粉尘的变化特征及其相互关系.冰川冻土，2008，**30**（1）：113-118

[144] 张宁宁，李忠勤，何元庆，等.乌鲁木齐河源1号冰川积累区气溶胶和表层雪中SO42- 的季节变化及成因分析.冰川冻土，2009，**31**（1）：62-67.

[145] 张明军，周平，李忠勤，等.天山乌鲁木齐河源1号冰川大气气溶胶和新雪中可溶性离子关系研究.地理科学，2010，**30**（1）：141-148.

[146] 周平，张明军，李忠勤，等.天山乌鲁木齐河源1号冰川气溶胶可溶性离子昼夜变化研究.冰川冻土，2009，**31**（3）：474-482.

[147] Wang Feiteng, Li Zhongqin, R Edwards, *et al*. Long-term changes in the snow-firn pack stratigraphy on Urumqi Glacier No. 1, eastern Tien Shan, China. *Annals of Glaciology*，2007，**46**（1）：331-334.

[148] 尤晓妮，李忠勤，王飞腾.利用雪层层位跟踪法研究暖型成冰作用的年限问题——以乌鲁木齐河源1号冰川为例，冰川冻土，2005，**27**（6）：853-860.

[149] 王飞腾，李忠勤，尤晓妮，等.天山乌鲁木齐河源1号冰川积累区表面雪层演化成冰过程的观测研究.冰川冻土，2006，**28**（1）：45-53.

[150] 李向应,李忠勤,尤晓妮,等. 近期乌鲁木齐河源 1 号冰川成冰带及雪层剖面特征研究. 冰川冻土,2006,**28**(1):37-44.

[151] 李传金,李忠勤,王飞腾,等. 乌鲁木齐河源 1 号冰川不同时期雪层剖面及成冰带对比研究. 冰川冻土,2007,**29**(2):169-175.

[152] You Xiaoni, Dong Zhiwen. Deposition process of dust micro-particles from aerosol to snowpack on Urumqi Glacier No.1 in eastern Tianshan Mountains, China. *Journal of Earth Science*, 2011, **22**(4):460-469. DOI:10.1007/s12583-011-0200-y.

[153] 张晓宇. 天山乌源 1 号冰川雪－冰演化过程和典型冰川区雪冰化学研究. 中科院研究生院博士论文,兰州:中国科学院寒区旱区环境与工程研究所,1-89. 2011.

[154] Li Zhongqin, Ross Edwards, E. Mosley-Thompson, *et al*. Seasonal variability of ionic concentrations in surface snow and elution processes in snow-firn packs at PGPI site on Urumqi Glacier No.1, eastern Tien Shan, China. *Annals of Glaciology*, 2006, **43**(1):250-256.

[155] Li Zhongqin, Wang Wenbin, Wang Feiteng, *et al*. Characteristics of ionic concentration and δ 18O and their variability in dry season and wet season snow on Urumqi Glacier No. 1 in eastern Tianshan, China. *Annals of Glaciology*, 2008, **49**(1):217-223.

[156] Wang Feiteng, Li Zhongqin, You Xiaoni, *et al*. Seasonal evolution of aerosol stratigraphy in Urumqi Glacier No. 1 percolation zone, eastern Tien Shan, China. *Annals of Glaciology*, 2006, **43**(1):245-249.

[157] Wang Feiteng, Li Zhongqin, Li Huilin, *et al*. Development of depth hoar and its effect on stable isotopic content in snow-firn stratigraphy on Urumqi glacier No.1, eastern Tien Shan, China. *Annals of Glaciology*, 2008, **49**(1):135-138.

[158] Yao Tandong, Valerie Masson, Jean Jouzel, *et al*. Relationships between δ^{18}O in Precipitation and Surface Air Temperature in the Urumqi River Basin, East Tianshan Mountains, China. *Geophysical Research Letter*, 1999, **26**(23):3473-3476.

[159] Sun Junying, Qin Dahe, Paul A Mayewski, *et al*. Soluble species in aerosol and snow and their relationship at Glacier 1, Tien Shan, China. *Journal of Geophysical Research*, 1998, **103**, D21:28021-28028.

[160] Lee Xinqing, Qin Dahe, Jiang Guibin, *et al*. Atmospheric pollution of a remote area of Tianshan Mountain:Ice Core record. *Journal of Geophysical Research*,2003,**108**(D14), DOI:1029/2002JD002181.

[161] 侯书贵,秦大河,任贾文. 天山乌鲁木齐河源 1 号冰川 pH 和电导率记录的现代环境过程. 冰川冻土,1999,**21**(3):225-232.

[162] 侯书贵,秦大河,任贾文. 乌鲁木齐河源 1 号冰川冰芯 δ^{18}O 记录气候环境意义的

再探讨. 地球化学, 1999, **28**（5）: 438-442.

[163] Hou Shugui, Qin Dahe, Paul A Mayewski, *et al.* Climatological significance of $\delta^{18}O$ in precipitation and ice core: A case study at the head of the Urumqi River, Tien Shan, China. *Journal of Glaciology*, 1999, **45**（151）: 517-523.

[164] Li Zhongqin, Zhao Shuhui, Ross Edwards, *et al.* Characteristics of individual aerosol particles over Urumqi Glacier No. 1 in eastern Tianshan, central Asia, China. *Atmospheric Research*, 2010, **99**: 57-66.

[165] Li Zhongqin, Li Chuanjin, Li Yuefang, *et al.* Preliminary results from measurements of selected trace metals in the snow-firn pack on Urumqi glacier No.1, eastern Tien Shan, China. *Journal of Glaciology*, 2007, **53**（182）: 368-373.

[166] Li Zhongqin, Li Huilin, Dong Zhiwen, *et al.* Chemical characteristics and environmental significance of fresh snow deposition on Urumqi Glacier No. 1 of Tianshan Mountains, China. *Chinese Geographical Sciences*, 2010, **20**（5）: 389-397.

[167] 李忠勤, 董志文, 张明军, 等. 天山乌鲁木齐河源冰川积雪化学特征及其季节变化. 地球科学, 2011, **36**（4）, DOI: 10.3799/dqkx.2011.000.

[168] Li Xiangying, Li Zhongqin, Ding Yongjian, *et al.* Seasonal variations of pH and electrical conductivity in a snow-firn pack on Glacier No.1, eastern Tianshan, China. *Cold Regions Science and Technology*, 2007, **48**: 55-63.

[169] 尤晓妮, 李忠勤, 王飞腾, 等. 乌鲁木齐河源 1 号冰川不溶微粒的季节变化特征. 地球科学进展, *2006.* **21**（11）: 1164-1170.

[170] 李向应, 李忠勤, 陈正华. 天山乌鲁木齐河源 1 号冰川雪坑中 pH 值和电导率的季节变化及淋融过程. 地球科学进展, 2006, **21**（5）: 487-495.

[171] Zhao Zhongping, Tian Lide, Emily Fisher, *et al.* Study of chemical composition of precipitation at an alpine site and a rural site in the Urumqi River Valley, eastern Tianshan, China. *Atmospheric Environment*, 2008, **42**（39）: 8934-8942.

[172] 周平, 张明军, 李忠勤, 等. 中国天山冰川区降水、积雪 pH 和电导率季节变化特征分析. 干旱区地理, 2010, **33**（4）: 518-524.

[173] 赵中平, 李忠勤. 离子色谱法测定大气气溶胶中的可溶性离子. 现代科学仪器, 2004, 5: 46-49.

[174] 朱宇漫, 李忠勤, 尤晓妮. AccuSizer 780 A 光学粒径检测仪在冰川微粒研究中的应用. 现代科学仪器, 2006, 3: 81-84.

[175] Zhao Shuhui, Li Zhongqin, Zhou Ping, *et al.* Ion chemistry and individual particle analysis of atmospheric aerosols over Mt. Bogda of eastern Tianshan Mountains, central Asia. *Environmental Monitoring and Assessment*, 2010, DOI: 10.1007/

s10661-010-1796-6.

[176] 赵淑惠，李忠勤，周平，等 . 天山乌鲁木齐河源 1 号冰川大气气溶胶的微观形貌及元素组成分析 . 冰川冻土，2010，**32**（4）：714-722.

[177] 李亚举，张明军，李忠勤，等 . 表层雪中稳定同位素季节变化及其与水汽输送的关系——以天山乌鲁木齐河源 1 号冰川积累区为例 . 地理研究，2011，**30**（5）：953-962.

[178] 李亚举，张明军，李忠勤，等 . 乌鲁木齐河源 1 号冰川雪坑 $\delta^{18}O$ 剖面特征与气候的关系 . 干旱区研究，2011，**28**（6）：950-956.

[179] 董志文，李忠勤，王飞腾，等 . 天山东部冰川积雪中大气粉尘的沉积特征 . 地理学报，2008，**63**（5）：544-552.

[180] 董志文，李忠勤，王飞腾，等 . 天山东部冰芯 pH 值和电导率的大气环境空间差异 . 地理学报，2009，**64**（1）：107-116.

[181] Dong Zhiwen, Li Zhongqin, Wang Feiteng, *et al*. Characteristics of atmospheric dust deposition in snow on the glaciers of the eastern Tien Shan, China. *Journal of Glaciology*，2009，**55**（193）：797-804.

[182] Dong Zhiwen, Li Zhongqin, Xiao Cunde, *et al*. Characteristics of aerosol dust in fresh snow in the Asian dust and non-dust periods at Urumqi glacier No. 1 of eastern Tian Shan, China. *Environmental Earth Sciences*，2010，**60**：1361-1368.

[183] Dong Zhiwen, Zhang Mingjun, Li Zhongqin, *et al*. The pH value and electrical conductivity of atmospheric environment from ice cores in the Tianshan Mountains. *Journal of Geographical Sciences*，2009，**4**：416-426.

[184] 董志文，李忠勤，王飞腾，等 . 天山乌鲁木齐河源冰川积雪内不溶粉尘特征：沙尘与非沙尘活动季节的比较 . 环境科学，2009，**30**（6）：1818-1825.

[185] 董志文，李忠勤，张明军，等 . 哈密庙儿沟平顶冰川积雪中粉尘微粒沉积特征 . 环境化学，2010，**29**（3）：352-357.

[186] 董志文，李忠勤，张明军，等 . 天山奎屯河哈希勒根 51 号冰川雪坑化学特征及环境意义 . 地理科学，2010，**31**（1）：149-156.

[187] 董志文，李忠勤，2011. 天山高山区与郊区降水中颗粒物特征的比较 . 水科学进展，**22**（1）：7-14.

[188] 张晓宇，李忠勤，王飞腾，等 . 天山博格达峰四工河 4 号冰川雪坑中人类活动的 NO_3^-、SO_4^{2-} 记录 . 冰川冻土，2011，**33**（2）：283-291.

[189] Wang Feiteng, Wang Lin, Kang Jian, *et al*. Chemical characteristics of snow-firn pack in Altai Mountains and its environmental significance. *Journal of Earth Science*，2011，**22**（4）：482-489. DOI：10.1007/s12583-011-0202-9.

[190] 张晓宇，李忠勤，王飞腾，等 . 中亚天山托木尔峰地区青冰滩 72 号冰川雪坑化学

特征及其环境指示意义 . 地理科学，2012，**32**（5）：641-648.

[191] 王圣杰，张明军，王飞腾，等 . 天山东部雪冰中硝酸根浓度对中亚生物质燃烧的响应研究 . 环境科学，2011，**32**（2）：338-344.

[192] 王圣杰，张明军，王飞腾，等 . 冰川区积雪中 NO_3^- 与粉尘记录的对比研究—以天山乌鲁木齐河源 1 号冰川为例 . 中国环境科学，2011，**31**（6）：991-995.

[193] 王圣杰，张明军，李忠勤，等 . 天山乌鲁木齐河源 1 号冰川雪层中 NO_3^- 的演化过程 . 地球科学进展，2011，**26**（8）：897-904.

[194] 王圣杰，张明军，王飞腾，等 . 天山乌鲁木齐河源区表层雪中含氮离子季节变化特征 . 环境化学，2011，**30**（8）：1445-1450.

[195] Zhang Mingjun, Wang Shengjie, Li Zhongqin, *et al*. Selected Trace Elements in Snowpack on Urumqi Glacier No. 1, Eastern Tianshan, China：As Yielded by Leaching Treatment Representative of Real-World Environmental Conditions. *Journal of Earth Science*，2011，**22**（4），449-459. DOI：10.1007/s12583-011-0199-0.

[196] 王圣杰，张明军，王飞腾，等 . 天山典型冰川区雪冰中碳质气溶胶浓度特征研究 . 环境科学，2012，**33**（3）：679-686.

[197] 王圣杰，张明军，王飞腾，等 . 中国西北典型冰川区大气氮素沉降量的估算—以天山乌鲁木齐河源 1 号冰川为例 . 生态学报，2012，**32**（3）：777-785.

[198] Wu Guangjian, Zhang Xuelei, Zhang Zhonglong, *et al*. Concentration and composition of dust particles in surface snow at Urumqi glacier No.1, eastern Tien Shan. *Global and Planetary Change*，2010，**74**：34-42.

[199] Wu Guangjian, Zhang Chenglong, Li Zhongqin, *et al*. Iron content and solubility in dust from high-alpine snow along a north-south transect of High Asia. *Tellus* B，2012，**64**（5）：1-14.

[200] Wang Shengjie, Zhang Mingjun, María Cruz Minguillón, *et al*. PM10 concentration in urban atmosphere around the eastern Tien Shan, Central Asia during 2007–2013. *Environmental Science and Pollution Research*，2015，**22**：6864-6876.

[201] 冯芳，李忠勤，张明军，等 . 天山乌鲁木齐河源区径流水化学特征及影响因素分析 . 资源科学，2011，**33**（12）：2238-2247.

[202] Fang Feng, Li Zhongqin, Jin Shuang , *et al*. Hydrochemical characteristics and solute dynamics of meltwater runoff of Urumqi Glacier No.1, eastern Tianshan, northwest China. *Journal of Mountain Science*，2012，**9**（4）：472-482.

[203] 冯芳，李忠勤 . 天山乌鲁木齐河流域山区水化学特征分析 . 自然资源学报，2014，01：143-155.

[204] 冯芳，冯起，刘贤德，等 . 天山乌鲁木齐河源 1 号冰川融水径流水化学特征研究 .

5

冰川冻土，2014，01：183-191.

[205] 高文华，李忠勤，张明军，等. 乌鲁木齐河源冰川径流中总可溶性固体和悬浮颗粒物的特征及影响因素分析. 环境化学，2011，**30**（5）：920-927.

[206] Li Zhongqin, Gao Wenhua, Zhang Mingjun, *et al*. Variations in suspended and dissolved matter fluxes from glacial and non-glacial catchments during a melt season at Urumqi River, eastern Tianshan, central Asia. *Catena*，2012，**95**：42-49.

[207] Gao Wenhua, Li Zhongqin. Suspended sediment and total dissolved solid yield patterns at the headwaters of Urumqi River, northwestern China：a comparison between glacial and non-glacial catchments. *Hydrological Processes*，2014，**28**（19）：5034-5047.

[208] Kong Yanlong, Pang Zhonghe. Evaluating the sensitivity of glacier rivers to climate change based on hydrography separation of discharge. *Journal of Hydrology*，2012，**434-435**：121-129.

[209] Kong Yanlong, Pang Zhonghe, Klaus Froehlich. Quantifying recycled moisture fraction in precipitation of an arid region using deuterium excess. *Tellus* B，2014，**65**（1）：388-402.

[210] Feng Fang, Li Zhongqin, Zhang Mingjun, *et al*. Deuterium and oxygen 18 in precipitation and atmospheric moisture in the upper Urumqi River Basin, eastern Tianshan Mountains. *Environmental Earth Science*，2013，**68**（4）：1199-1209.

[211] Wang Xiaoyan, Li Zhongqin, Edwards Ross, *et al*. Characteristics of water isotopes and hydrograph separation during the spring flood period in Yushugou River basin, Eastern Tianshans, China. *Journal of Earth System Science*，2015，**124**（1）：115-124.

[212] Wang Xiaoyan, Li Zhongqin, Ruozihan Tayier, *et al*. Characteristics of atmospheric precipitation isotopes and isotopic evidence for the moisture origin in Yushugou River basin, Eastern Tianshan Mountains, China. *Quaternary International*，2015，**380-381**：106-115.

[213] Chang Jianfeng, Fu Xuanying, An Lizhe, *et al*. Properties of cellular ubiquinone and stress-resistance in suspension-cultured cells of Chorispora bungeana during chilling. *Environmental and Experimental Botany*，2006，**57**：116-122.

[214] Guo Fengxia, Zhang Manxiao, Chen Yuan, *et al*. Relation of several antioxidant enzymes to rapid freezing resistance in suspension cultured cells from alpine Chorispora bungeana. *Cryobiology*，2006，**52**（2）：241-250.

[215] Zhang Tengguo, Liu Yubing, Xue Lingui, *et al*. Molecular cloning and characterization of a novel MAP kinase gene in Chorispora bungeana. *Plant Physiology and Biochemistry*，2006，**44**（1）：78-84.

[216] 张腾国，张艳，王娟，等. 高山离子芥 MAP 激酶基因 CbMAPK3 的克隆. 植物生

理学通讯，2010，**46**（4）：335-340.

[217] 杨宁，丁芳霞，李宜珅，等 . 低温胁迫对高山离子芥试管苗膜脂过氧化及 AsA-GSH 循环系统的影响 . 西北师范大学学报（自然科学版），2014，05：79~84.

[218] 杨宁，强治全，陈霞，等 . 高山离子芥磷脂酶 Dα 编码区基因序列克隆与表达载体构建 . 西北师范大学学报（自然科学版），2014，03：94~98.

[219] 黄继红，谭敦炎 . 雪莲的研究进展 . 新疆农业大学学报，2002，**25**（2）：8~13.

[220] 冯建菊，谭敦炎 . 不同生境条件下软紫草（Arnebia euchroma）结实特性的差异 . 干旱区研究，2007. **24**（1）：37-42.

[221] Chen Tuo, Zhao Zhiguang, ZhangYoufu, *et al*. Physiological variations in chloroplasts of Rhodiola coccinea along an altitudinal gradient in Tianshan Mountain. *Acta Physiol Plant*，2012，**34**：1007-1015.

[222] 张威，章高森，刘光琇，等 . 天山乌鲁木齐河源 1 号冰川中真核微生物多样性分布及时空变化研究 . 冰川冻土，2010，**32**（5）：906-913.

[223] 许慧，李忠勤，Nozomu TAKEUCHI，等 . 冰尘结构特征及形成分析—以乌鲁木齐河源 1 号冰川为例 . 冰川冻土，2013，**35**（5）：1118-1125.

[224] 章高森，张威，刘光琇，等 . 环境因素主导着冰川前沿裸露地好氧异养细菌群落的分布 . 冰川冻土，2012，**34**（4）：965-971.

[225] 顾燕玲，史学伟，祝建波，等 . 天山乌鲁木齐河源 1 号冰川前沿冻土活动层古菌群落的垂直分布格局 . 冰川冻土，2013，**35**（3）：761-769.

[226] 倪雪姣，齐兴娥，顾燕玲，等 . 天山乌鲁木齐河源一号冰川表面粉尘蓝细菌群落结构及其系统发育 . 微生物学报，2014，**11**：1256-1266.

[227] Yi Chaolu, Liu Kexin, Cui Zhijiu, *et al*. AMS radiocarbon dating of late Quaternary glacial landforms，the source area of the Urumqi River，Tien Shan：a pilot study of 14C dating on inorganic carbon. *Quaternary International*，2004，**121**（1-2）：99-107.

[228] Zhao Jingdong, Zhou Shangzhe, He Yuanqing. ESR dating of glacial tills and glaciations in the Urumqi River headwaters, Tianshan Mountains, China. *Quaternary International*，2006，**144**：61-67.

[229] 周尚哲，焦克勤，赵井东，等 . 乌鲁木齐河河谷地貌与天山第四纪抬升研究 . 中国科学（D 辑），2002，**32**（2）：157-162.

[230] 李世杰 . 天山乌鲁木齐河源更新世晚期的古环境重建 . 见：地貌—环境—发展 . 中国地理学会地貌与第四纪专业委员会编，北京：中国环境出版社，1995: 14–18.

[231] Yi Chaolu, Liu Kexin, Cui Zhijiu. AMS dating on glacial tills at the source area of the Urumqi River in the Tianshan mountains and its implications. *Chinese Science Bulletin*，1998，**43**（20）：1749–1751.

[232] 易朝路，焦克勤，刘克新，等．冰碛物 ESR 测年与天山乌鲁木齐河源末次冰期系列．冰川冻土，2001，**23**（4）：389–393.

[233] 周尚哲，易朝路，施雅风，等．中国西部 MIS12 冰期研究．地质力学学报，2001，**7**（4）：321–327.

[234] 施雅风，崔之久，苏珍．中国第四纪冰川与环境变化．石家庄：河北科学技术出版社，2006，1-618.

[235] Kong Ping, Fink D, Na Chunguang, et al. Late Quaternary glaciation of the Tianshan, central Asia, using cosmogenic 10Be surface exposure dating. *Quaternary Research*, 2009, **72**: 229–233.

[236] Li Yingkui, Liu Gengnian, Kong Ping et al. Cosmogenic nuclide constraints on glacial chronology in the source area of the Urumqi River, Tian Shan, China. *Journal of Quaternary Science*, 2011, **26**: 297–304.

[237] Li Yingkui, Liu Gengnian, Chen Yixin et al. Timing and extent of Quaternary glaciations in the Tianger Range, eastern Tian Shan, China, investigated using 10Be surface exposure dating. *Quaternary Science Reviews*, 2014, **98**: 7–23.

[238] Ou Xianjiao, Lai Zhongping, Zhou Shangzhe et al. Optical dating of young glacial sediments from the source area of the Urumqi River in Tianshan Mountians, northwestern China. *Quaternary International*, 2015, **3**（58）：12–20.

[239] LI Yanan, LI Yingkui. Topographic and geometric controls on glacier changes in the central Tien Shan, China, since the Little Ice Age. *Annals of Glaciology*, 2014, **55**（66）：177-186.

[240] Xu Xiangke, Yang Jianqiang, Dong Guocheng et al. OSL dating of glacier extent during the Last Glacial and the Kanas Lake basin formation in Kanas River valley, Altai Mountains, China. *Geomorphology*, 2009, **112**: 306–317.

[241] Zhao Jingdong, Yin Xiufeng, Harbor J, et al. Quaternary glacial chronology of the Kanas River valley, Altai Mountains, China. *Quaternary International*, 2013, **311**: 44–53.

[242] 张威，付延菁，刘蓓蓓，等．阿尔泰山喀纳斯河谷晚第四纪冰川地貌演化过程．地理学报，2015，**70**（5）：739-750.